WIE SCHNELL DOCH

DIE ZEIT VERGEHT

Mittlerweile ist wahrhaftig ein Vierteljahrhundert ins Land gegangen, seit das Eisenbahn-Journal im Jahr 1991 die Eisenbahnverhältnisse an der Mosel zwischen der französischen Grenze und Koblenz mit zwei Sonderausgaben würdigte. Allemal Grund genug, die von Koblenz via Cochem nach Trier verlaufende Moselstrecke in den Mittelpunkt einer neuen Publikation zu stellen. Haben sich doch im Laufe der Zeit rund um die altehrwürdige „Kanonenbahn" bedeutende Neuerungen ergeben. An erster Stelle ist hier der Bau einer neuen eingleisigen Tunnelröhre parallel zum 4205 m langen Kaiser-Wilhelm-Tunnel von 1877 zu nennen, ehedem der längste deutsche Regelspurtunnel. Die neue Röhre wurde im April 2014 dem Betrieb übergeben. Derzeit wird der alte Tunnel einer umfassenden Sanierung unterzogen und auf ein Gleis zurückgebaut, bevor er in Kürze wieder in Betrieb gehen wird.

Bei der Elektrotraktion hat sich ein grundlegender Generationswechsel vollzogen. Verschwunden sind die Zweisystem-Elloks der Baureihe 181.2, die wie keine andere Baureihe den hochwertigen Reisezugverkehr entlang der Mosel prägten, und das fast vier Jahrzehnte lang. Von daher erinnern wir nicht nur allzu gerne an die Zeit, als die 181.2 vor D-, InterRegio- und InterCity-Zügen im grenzüberschreitenden Verkehr mit Luxemburg durchs Moseltal rollten, sondern lassen aussagestark genauso die Dampflokzeit hochleben.

Nach der Einstellung der Fernreisezüge auf der Moselstrecke dominieren nun Elektrotriebzüge das Bild der Reisezüge. Die seit geraumer Zeit auf der Achse Trier – Koblenz mit den Flirt-Triebwagen des SÜWEX (Südwest-Express von DB Regio) vereint laufenden KISS-Doppelstöcker der luxemburgischen CFL sind das, was heute zum Standardrepertoire im Regionalverkehr gehört – nicht mehr, aber auch nicht weniger. Für ästhetikbewusste Menschen sind diese Zuggarnituren sicherlich gewöhnungsbedürftig. Etwaige Komforteinbußen vermag die herrliche Mosellandschaft für den einen oder anderen Reisenden hingegen mehr als wettzumachen.

Hinsichtlich des Reisezugangebots war die Moselstrecke allerdings zu keiner Zeit ein wirkliches Glanzlicht, die Fernreisezüge spielten stets eine eher bescheidene Rolle. Umso wichtiger war (und ist) die Moselstrecke für den Güterverkehr, hier insbesondere für den Montanverkehr. Kurzum: für den Kohle-, Erz- und Stahltransport. Diesen Umstand belegen augenfällig die Erzganzzüge ins Saarland mit jeweils zwei Elloks in Doppeltraktion an der Spitze. Seit dem Herbst 1978 verkehren sie in nahezu unveränderter Konfiguration tagein tagaus durchs Moseltal. Lange Zeit mit 5000 t und 151-Doppel gefahren, sind es seit 2010 die Mehrsystem-Maschinen der Baureihe 189, die die mittlerweile 5500 t schweren Erzganzzüge ohne Lokwechsel von Rotterdam nach Dillingen (Saar) bringen.

Die Tatsache, dass die Moselstrecke trotz ihrer exponierten Bedeutung für den Güterverkehr erst vergleichsweise spät elektrifiziert wurde, dürften damals zumindest die Dampflok-Enthusiasten als göttliche Fügung gesehen haben. Nur so war es überhaupt möglich, dass hier noch zu Beginn der 1970er Jahre vor dem Hintergrund einer gewaltig brummenden Wirtschaft Dampfbetrieb vom Feinsten geboten wurde. Und das zu einem Zeitpunkt, als der Dampfausstieg seitens der DB eine längst beschlossene Sache war. Neben den 44ern im schweren Güterzugdienst gehörten zu diesem Zeitpunkt auch die Baureihen 01, 23 und 50 auf der Moselstrecke zum alltäglichen Erscheinungsbild.

Mit der Umstellung auf Elektrotraktion sind zwischen Koblenz und Trier auch die damals bei den Eisenbahnfreunden verhassten Dieseltriebfahrzeuge verschwunden. Da sie auf der Moselstrecke nicht mehr als eine Randerscheinung blieben, sind ihre Einsätze in der historischen Rückschau allemal interessant. Das abrupte, aber absehbare Ende des Dampfbetriebs bedeutete zwar einen gewaltigen Einschnitt, dennoch ist die elektrifizierte Moselstrecke bis heute eine überaus interessante Bahnlinie in ungemein reizvoller Flusslandschaft. Vielfältiger Eisenbahnbetrieb mit hohem Wohlfühlfaktor gewissermaßen.

Udo Kandler

TRAKTIONSWANDEL MIT VERSPÄTUNG

Während der Dampfepoche gab es entlang der Moselstrecke Bahnbetriebswerke in Trier, Ehrang, Cochem und Koblenz. Nur die DB-Werkstatt in Trier konnte sich bis heute behaupten.
>> Seite 54

KÖNIGSETAPPE DER KANONENBAHN

Nach dem Deutsch-Französischen Krieg von 1870/71 war eine direkte Bahnverbindung von Berlin zur neu gezogenen Grenze bei Metz dringend nötig. Das größte Bauvorhaben war der Abschnitt an der Mosel. **>> Seite 14**

BERLIN, PARIS & NORDDEICH MOLE

Der hochwertige Reisezugverkehr auf der Moselstrecke war nie bedeutend. Für den 1953 eingeführten „Montan-Expreß" genügte ein zweiteiliger SVT.
>> Seite 30

UNGLEICHES QUARTETT

Die Strecke Koblenz–Trier quert die Mosel viermal. Nur die Brücke bei Eller ist der Eisenbahn vorbehalten. Die Bauwerke bei Güls und Pfalzel besitzen zusätzlich Fußgängerstege. Die untere Etage der doppelstöckigen Konstruktion in Bullay dient dem Straßenverkehr. **>> Seite 38**

Titelfoto:
U. Kandler (bei Löf, September 2007)

Fotos dieser Doppelseite:
H. Faust, K. Schelenz, C. Bellingrodt/Slg. Schwarz, M. Thielen, U. Kandler

DEM KAISER ZUR EHR
Der 4205 m lange Kaiser-Wilhelm-Tunnel kürzt zwischen Cochem und Eller eine große Moselschleife ab. Ein neuer parallel verlaufender Tunnel wurde im April 2014 in Betrieb genommen.
>> Seite 68

railion
railion
railion

Die Moselbrücke Bullay wurde 1879 als erste Doppelstockbrücke Deutschlands für den Schienen- und Straßenverkehr freigegeben und zog zu jener Zeit als herausragende Ingenieurleistung viele Besucher an. Am 8. September 2005 überquert eine nagelneue Zweisystemlokomotive der DB-Baureihe 185 mit einem gemischten Güterzug nach Frankreich die Mosel und wird gleich ins Dunkel des Prinzenkopf-Tunnels eintauchen. *Foto: U. Kandler*

Überwiegend aus dem 14. bis 16. Jahrhundert stammt das Schloss Gondorf. Die Moselstrecke zerschneidet die Schlossanlage in zwei Teile, die Kirche musste wegen der Bahnlinie sogar abgerissen werden. Negative Auswirkungen hatte 1971 auch der Bau der B 416: Ein Durchbruch durch das Schloss war erforderlich. Im März 1953 dampft die 93 187 (Bw Cochem) mit dem P 2468 das Moseltal hinauf. *Foto: C. Bellingrodt/Slg. Dr. Hufnagel*

Viadukt an der Pündericher Bergwand: Er weist 92 gemauerte Gewölbeöffnungen auf und ist mit einer Länge von 786 m der längste Hangviadukt in Deutschland. Der D 2056 von Koblenz nach Luxemburg, geführt von einer Zweifrequenz-lokomotive der DB-Baureihe 181.2, hat am 30. Oktober 1988 soeben den Prinzenkopf-Tunnel durchfahren. *Foto: J. Seyferth*

023 097-9

Mit dem Personenzug 2456 nach Trier verlässt die 023 097 vom Bw Saarbrücken am 15. Oktober 1971 den Prinzenkopf-Tunnel. Die Bahnlinie kürzt mit Hilfe des Tunnels die knapp 14 km lange Moselschleife des Zeller Hamms deutlich ab. Auf der Anhöhe in der Bildmitte ist das ehemalige Augustinerinnenkloster Marienburg zu sehen. *Foto: Ch. Eilers*

KÖNIGSETAPPE
DER KANONENBAHN

Nach dem Deutsch-Französischen Krieg von 1870/71 musste Frankreich Elsass-Lothringen an das Deutsche Reich abtreten. Eine direkte Eisenbahnverbindung von Berlin zur neu gezogenen Westgrenze bei Metz war allein schon aus strategischen Gründen dringend geboten. Das größte Bauvorhaben der „Kanonenbahn" war der Streckenabschnitt entlang der Mosel

Am siegreichen Ausgang des Deutsch-Französischen Krieges von 1870/71 hatten die preußischen Eisenbahnen maßgeblichen Anteil. Sie verschafften den preußischen Truppen und ihren Verbündeten beim Aufmarsch gegen Frankreich einen bedeutenden Vorteil. Eine gut funktionierende Eisenbahninfrastruktur ermöglichte rasche Truppenbewegungen. Mit der Eisenbahn konnten umfangreiche Truppenverbände nebst Kriegsgerät in kurzer Zeit in die Aufstellungsgebiete verlegt und in Kampfbereitschaft versetzt werden.

Die positiven Erfahrungen mit der Eisenbahn und deren Bedeutung für die strategische Kriegsführung während des Deutsch-Französischen Krieges führten zu verstärkter Einflussnahme des Staates und damit des Militärs auf den weiteren Eisenbahnbau. Fortan wurden Bahnlinien, wenn es strategisch opportun erschien, geplant und gebaut. Wirtschaftliche Belange spielten dabei – ganz im Sinne einer schnellen Umsetzung – allenfalls noch eine untergeordnete Rolle.

Das aus dem Deutsch-Französischen Krieg erstarkt hervorgegangene Preußen, namentlich das neu gegründete Deutsche Kaiserreich mit den von Frankreich abgetretenen und zum Reichsland Elsass-Lothringen erklärten Landesteilen, bekräftigte den Ruf nach einer direkten Bahnverbindung zwischen dem preußisch-deutschen Machtzentrum Berlin und der neu gezogene Westgrenze mit der Festung Metz. Es sollte eine Staatsbahnlinie entstehen mit der alleinigen Maßgabe, im Bedarfsfall die Truppen schnell an der Westgrenze gegen den Erzfeind in Stellung zu bringen. Ironie des Schicksals: Die den Franzosen auferlegten Reparationszahlungen befähigten Preußen erst, ein derart ehrgeiziges Vorhaben überhaupt in Erwägung zu ziehen. Entsprechend wurde das „Kanonenbahn"-Projekt zunächst nahezu komplett als Neubauvorhaben projektiert. Lediglich die bereits im Zeitraum von 1858 bis 1863 eröffnete Lahntalbahn Wetzlar – Niederlahnstein sollte als Bestandsstrecke miteinbezogen werden.

Um die Kosten halbwegs im Zaum zu halten, kam man jedoch selbst bei einem staatlich protegierten Projekt wie der „Kanonenbahn" nicht umhin, an geeigneten Stellen den Rotstift anzusetzen. Deshalb wurden zwischen Berlin und Wetzlar verstärkt Teile des vorhandenen Bahnnetzes (wie etwa die Main-Weser-Bahn) in das Vorhaben integriert.

Bei allen Sparzwängen verstand man es bei Planung und Ausführung der Moselstrecke Koblenz – Ehrang mit ihren charakteristischen Kunstbauten dennoch,

Vermutlich kurz nach der Fertigstellung der Moselstrecke entstand diese Fotografie in Bullay an der Bahnhofsausfahrt Richtung Trier. *Foto: Slg. Gerhard*

Eine alte kolorierte Postkarte vom Bahnhof Bullay. Das vielgliedrige späthistoristische Empfangsgebäude wurde um das Jahr 1905 errichtet, als die rechtsufrige private Moseltalbahn Trier – Bullay ihren Betrieb aufgenommen hatte. Bullay zählte 1905 rund 650 Einwohner. *Foto: Slg. Walter*

den militärstrategischen Anforderungen uneingeschränkt Folge zu leisten – alleine schon manifestiert durch den Kaiser-Wilhelm-Tunnel, der 110 Jahre lang Deutschlands längster zweigleisiger Regelspurtunnel war. Nicht unerwähnt bleiben darf in diesem Kontext das moselaufwärts gelegene Teilstück der „Kanonenbahn", die Obermoselstrecke Ehrang – Thionville (Diedenhofen). In Thionville sollte die Neubaustrecke an die 1854 eröffnete französische Ostbahn nach Metz anbinden. Auf den Tag genau ein Jahr vor Eröffnung der Strecke Koblenz – Ehrang konnte am 15. Mai 1878 der reguläre Zugbetrieb auf der Obermoselstrecke aufgenommen werden.

Die vorliegende Abhandlung ist allerdings explizit der 111,57 km langen Moselstrecke Koblenz – Trier gewidmet, gewissermaßen dem Herzstück der „Kanonenbahn". Zwischen Koblenz und Ehrang begann der Betrieb am 15. Mai 1879. Am gleichen Tag wurde übrigens auch die Verbindung zwischen Lahntalbahn und Moselstrecke eröffnet.

Blick über die Gleise des Bahnhofs Bullay hinweg auf die Ortschaft Alf am gegenüberliegenden Moselufer. *Foto: Slg. Walter*

Frühe, erfolglose Bemühungen um den Bahnbau

Lange bevor das Projekt der Moselstrecke zur staatstragenden Angelegenheit erhoben wurde, waren deren Realisierung auf regionaler Ebene etliche private Initiativen vorausgegangen. Ein früher Befürworter der Eisenbahn entlang der Mosel war Heinrich von Dechen, seines Zeichens Berghauptmann, der bereits am 11. August 1855 gegenüber dem für das Eisenbahnwesen zuständigen Ministerium für Handel, Gewerbe und öffentliche Arbeiten in Berlin die Notwendigkeit einer Bahnlinie von Trier ins übrige Deutschland formulierte. Tatsächlich konnten bald auch erste Vorarbeiten aufgenommen werden.

An dem Beschluss einer Bahnverbindung entlang der Mosel entzündete sich eine rege

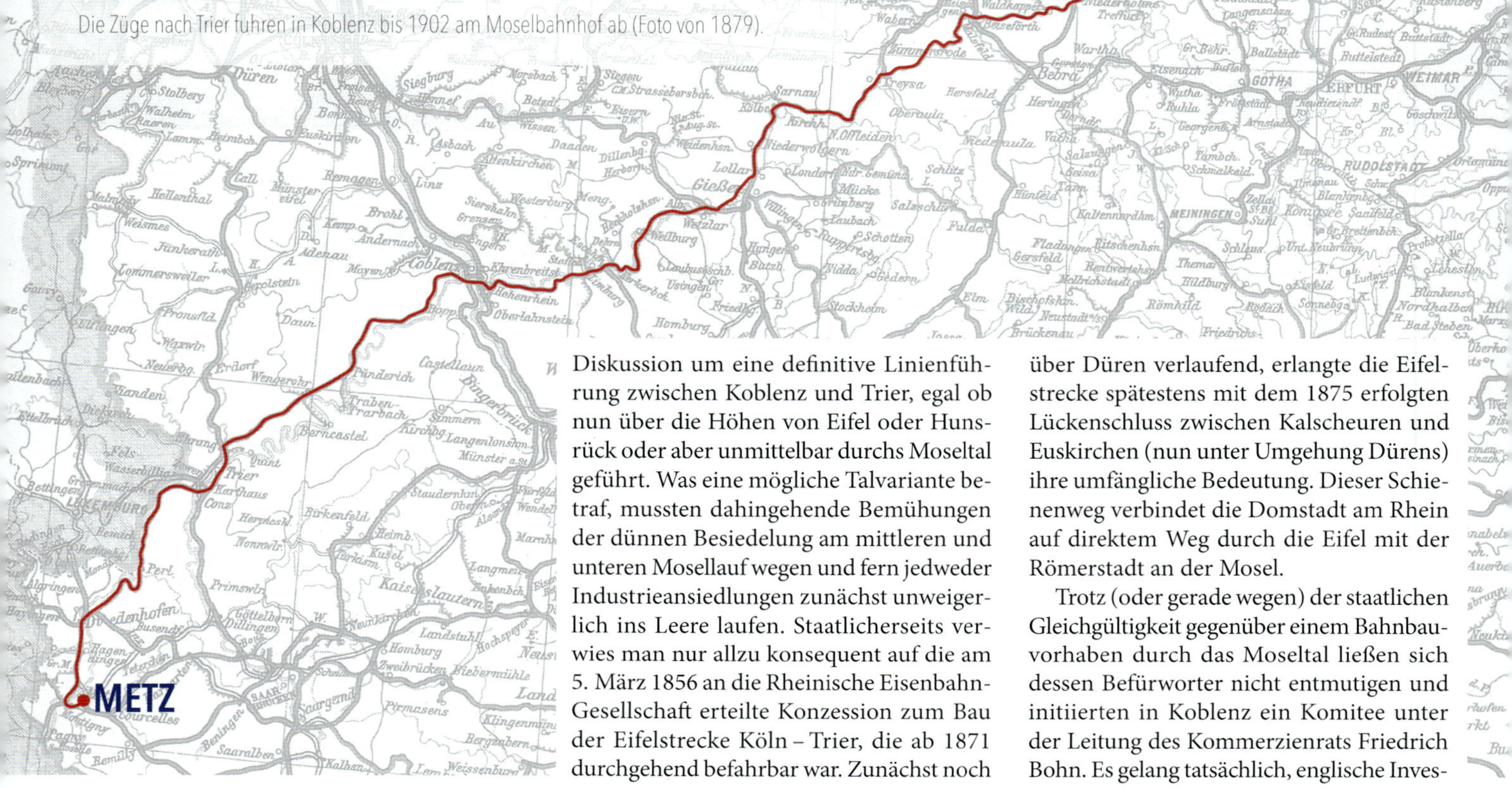

Die Züge nach Trier fuhren in Koblenz bis 1902 am Moselbahnhof ab (Foto von 1879).

Diskussion um eine definitive Linienführung zwischen Koblenz und Trier, egal ob nun über die Höhen von Eifel oder Hunsrück oder aber unmittelbar durchs Moseltal geführt. Was eine mögliche Talvariante betraf, mussten dahingehende Bemühungen der dünnen Besiedelung am mittleren und unteren Mosellauf wegen und fern jedweder Industrieansiedlungen zunächst unweigerlich ins Leere laufen. Staatlicherseits verwies man nur allzu konsequent auf die am 5. März 1856 an die Rheinische Eisenbahn-Gesellschaft erteilte Konzession zum Bau der Eifelstrecke Köln – Trier, die ab 1871 durchgehend befahrbar war. Zunächst noch über Düren verlaufend, erlangte die Eifelstrecke spätestens mit dem 1875 erfolgten Lückenschluss zwischen Kalscheuren und Euskirchen (nun unter Umgehung Dürens) ihre umfängliche Bedeutung. Dieser Schienenweg verbindet die Domstadt am Rhein auf direktem Weg durch die Eifel mit der Römerstadt an der Mosel.

Trotz (oder gerade wegen) der staatlichen Gleichgültigkeit gegenüber einem Bahnbauvorhaben durch das Moseltal ließen sich dessen Befürworter nicht entmutigen und initiierten in Koblenz ein Komitee unter der Leitung des Kommerzienrats Friedrich Bohn. Es gelang tatsächlich, englische Investoren für ein derartiges Vorhaben zu gewinnen, und so wurde am 16. Mai 1865 eine Genehmigung für erste Vorarbeiten erteilt. Die von den englischen Geldgebern geforderten staatlichen Zinsgarantien für das von ihnen aufzubringende Anlagekapital brachten das Projekt dann jedoch zu Fall.

Die vielen privaten Bemühungen und Absichtsbekundungen um den Bau der Moselstrecke wurden allesamt in dem Moment zu Makulatur, als am 11. Juni 1873 das Preußische Abgeordnetenhaus in Berlin das „Kanonenbahn"-Gesetz absegnete, das den Bau und Betrieb des Abschnitts Hohenrhein – Koblenz – Cochem – Wengerohr – Ehrang – Trier – Perl – Diedenhofen (Thionville) durch die Preußischen Staatseisenbahnen vorsah. Da die Moselstrecke

Der Hauptbahnhof in Koblenz wurde 1902 in Betrieb genommen (Luftaufnahme von 1926). *Foto: RVM/Slg. Gerhard*

„Kanonenbahn“ Berlin – Metz

Teilstrecke	Länge	Tag der Eröffnung
Charlottenburg - Grunewald	3 km	1. Juni 1882
Grunewald - Sandersleben	160 km	15. April 1879 *)
Sandersleben - Hettstedt	6 km	10. Januar 1877 *)
Hettstedt - Blankenheim	18 km	15. April 1879 *)
Blankenheim - Nordhausen	51 km	10. Juli 1866
Nordhausen - Leinefelde	43 km	9. Juli 1867
Leinefelde - Eschwege	46 km	15. Mai 1880
Eschwege - Niederhone	3 km	31. Oktober 1875
Niederhone - Malsfeld	40 km	15. Mai 1879
Malsfeld - Treysa	39 km	1. August 1879
Treysa - Kirchhain	28 km	4. März 1850
Kirchhain - Marburg	15 km	3. April 1850
Marburg - Lollar	22 km	25. Juli 1850
Lollar - Wetzlar	18 km	15. Oktober 1878
Wetzlar - Weilburg	23 km	10. Januar 1863
Weilburg - Limburg	29 km	14. Oktober 1862
Limburg - Nassau	26 km	5. Juli 1862
Nassau - Bad Ems	8 km	9. Juli 1860
Bad Ems - Hohenrhein	10 km	1. Juli 1858
Hohenrhein - Koblenz - Ehrang	112 km	15. Mai 1879
Ehrang - Thionville	76 km	15. Mai 1878
Thionville - Metz	27 km	16. September 1854

Streckenbau gemäß „Kanonenbahn“-Gesetz vom 11. Juni 1873.
*) Eröffnung für den Güterverkehr; für den Personenverkehr am 15. Mai 1879.

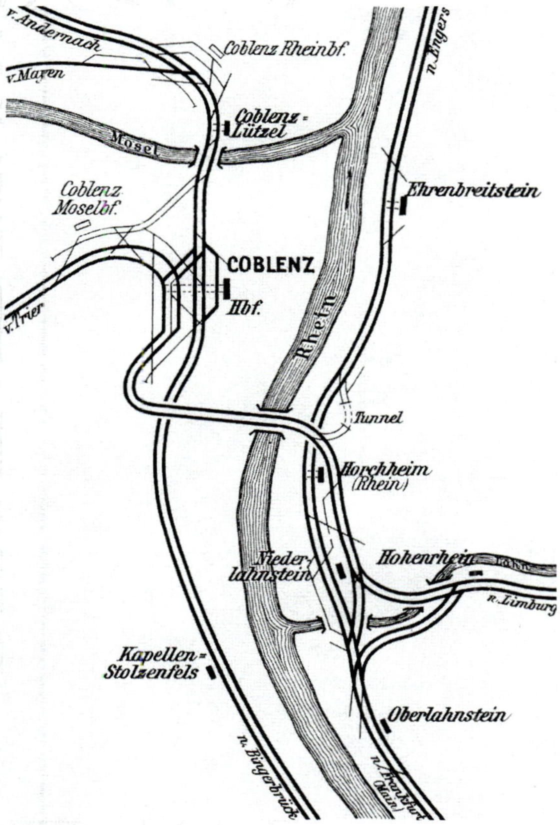

Eisenbahnlinien im Raum Koblenz im Jahr 1914: Hohenrhein (rechts) war Ausgangspunkt der neuen Strecke nach Ehrang. *Abb.: Slg. Kandler*

Zwischen den Gleisen zur Horchheimer Brücke (vorne) und nach Mainz war das Bw Koblenz Hbf angeordnet (1934). *Fotos: Slg. Kandler (2)*

Im Schloss Gondorf wurde 1971 für die Bundesstraße 416 ein Durchbruch geschaffen. *Foto: R. Fell/Bildarchiv der Eisenbahnstiftung*

zwischen Pünderich und Ehrang über die südlichen Ausläufer der Eifel geführt wurde, profitierte die Mittelmosel vom Bau der Bahnstrecke nur in geringem Umfang. Verlierer waren insbesondere die regional bedeutenden Ortschaften Traben-Trarbach und Bernkastel (ab 1905 Bernkastel-Kues); sie blieben zunächst ohne Bahnanschluss. Die geografischen Verhältnisse verhinderten eine Führung der Hauptstrecke Koblenz – Ehrang über die beiden Städte. Sie wurden aber später durch Stichbahnen sowie die private Moseltalbahn an das Eisenbahnnetz angebunden.

Mit Abschluss der landespolizeilichen Prüfung und Genehmigung konnten bis Ende 1874 die Bauarbeiten entlang der gesamten Moselstrecke aufgenommen werden. Die Bauausführung erfolgte zwischen Güls und Ehrang (Länge 101,10 km) unter der Leitung der Königlichen Eisenbahn-

Bahnbau im Sinne der Landesverteidigung

Direktion zu Saarbrücken. Für das Teilstück der bei Hohenrhein von der Lahntalbahn abzweigenden Verbindung über Niederlahnstein und Koblenz bis Güls (Länge 11,25 km) war hingegen die Königliche Eisenbahn-Direktion zu Wiesbaden zuständig. In diesem kurzen Abschnitt waren drei Flussbrücken zu erstellen: die Lahnbrücke nahe dem Abzweig Hohenrhein, die oberhalb von Koblenz den Rhein überspannende Horchheimer Brücke sowie die Moselquerung zwischen Moselweiß und Güls. Dieses Teilstück stellte die unmittel-

Ein leerer Erzzug aus Dillingen mit 151-Doppeltraktion rollt im September 2007 an Gondorf vorbei (am rechten Bildrand Schloss Liebig). *Foto: U. Kandler*

181 219 eilt im Juni 1990 mit dem D 2156 durch den alten Bahnhof von Hatzenport. *Foto: U. Kandler*

Der neue Haltepunkt Hatzenport ist seit 2005 in Betrieb (442 002, Juni 2016). *Foto: U. Kandler*

Bahnhof Wengerohr im Jahr 1985 (heute Wittlich Hbf). *Foto: P. Schiffer/Bildarchiv d. Eisenbahnstiftung*

110 300 hat den 519 m langen Kinderbeuerner Tunnel durchfahren (April 2010). *Foto: R. Kollig*

Betriebsstellen und Kunstbauten der Moselstrecke

km	Betriebsstellen • Tunnel und Brücken
0,00	Koblenz Hbf
1,25	Koblenz Moselbf
2,93	Hp Koblenz-Moselweiß
3,60	• Moselbrücke Güls (266 m)
4,28	Bf Güls (Kr. Koblenz); heute: Hp Koblenz-Güls
8,11	Bf Winningen
12,10	*Bk Belltal*
15,10	Bf Kobern-Gondorf
16,90	Hp Lehmen
17,52	*Bk Lehmen*
20,77	Bf Kattenes
23,67	Hp Löf
26,00	Hp Hatzenport [1]
26,73	*Bf Hatzenport*
28,76	*Hp Burgen* [2]
30,80	Bf Moselkern
33,61	Hp Müden
36,83	Bf Treis-Karden
39,49	Hp Pommern
44,37	Hp Klotten
47,69	Bf Cochem (Mosel)
48,42	• Kaiser-Wilhelm-Tunnel alt (4.205 m), neu (4.242 m)
53,49	Bf Eller; heute: Ediger-Eller
	• Moselbrücke Eller (307 m)
54,01	• Petersberg-Tunnel (369 m)
55,00	Hp Neef
59,24	Bf Bullay DB; heute: Umweltbahnhof Bullay
59,83	• Moselbrücke Bullay (314 m)
60,02	• Prinzenkopf-Tunnel (458 m)
60,89	• Pündericher Hangviadukt (786 m)
61,80	*Bf Pünderich DB*
62,17	• Reilerhals-Tunnel (504 m)
64,60	*Bk Alftal*
67,08	Bf Bengel
69,40	*Bk Kinderbeuern*
69,71	• Kinderbeuerner Tunnel (519 m)
71,30	Bf Ürzig DB
73,60	*Bk Zeltingen*
76,46	Bf Wengerohr; heute: Wittlich Hbf [3]
80,31	*Bk Altrich*
84,44	*Bf Salmrohr* [4]
86,20	Hp Salmtal [4]
88,52	Hp Sehlem [5]
92,34	Bf Hetzerath
94,86	Hp Föhren
96,90	*Bk Föhrenberg*
99,60	Bf Schweich DB
101,12	• Meulenwald-Tunnel (790 m)
102,36	Hp Quint; heute Trier-Quint
104,60	Hp Trier-Ehrang Ort [6]
105,39	Bf Ehrang; heute: Trier-Ehrang
107,97	Hp Pfalzel; heute Trier-Pfalzel [5]
108,15	• Moselbrücke Pfalzel (212 m)
111,57	Trier Hbf

Die Blockstelle Zeltingen lag bei km 73,6 zwischen Ürzig und Wengerohr. *Foto (1934): RVM/Slg. Gerhard*

Bf = Bahnhof, Hp = Haltepunkt, Bk = Blockstelle. Aufgelassene Betriebsstellen sind kursiv gesetzt.

Anmerkungen

1) 3. Mai 2005: Eröffnung des rund 700 m östlich des alten Bahnhofs unmittelbar im Ort gelegenen Haltepunkts.
2) Auflassung des Haltepunkts am 28. Mai 1967.
3) Umbenennung am 27. September 1987 in Wittlich Hbf.
4) Am 14. Dezember 2003 Eröffnung des Haltepunkts Salmtal, der den am Ortsrand gelegenen Bahnhof Salmrohr ersetzte.
5) Eröffnung am 1. Mai 1905.
6) Eröffnung im September 2002.

Oben: 001 150 am Petersberg-Tunnel bei Neef (29.10.1971). *Foto: K. Schelenz*
Oben rechts: 044 270 am Reilerhals-Tunnel in Pünderich (3. Juli 1971). *Foto: R. Fell/ Bildarchiv der Eisenbahnstiftung*

Mit einem Güterzug nach Koblenz verlässt die 44 1668 im März 1967 den Meulenwald-Tunnel (bei Quint). *Foto: K.-G. Baur*

Das Empfangsgebäude in Winningen mit dem liebevoll gestalteten Eingang zum Schalterraum. *Foto: U. Kandler*

Empfangsgebäude und Stellwerk in Eller, aufgenommen im Jahr 1924.

Bahnhof Pünderich (DB) im Dämmerlicht: Er wurde 1975 aufgelassen und das Gebäude bald darauf abgerissen. *Foto (1971): K. Schelenz*
Links: 141 193 mit N 7464 nach Wittlich Hbf beim Zwischenhalt im Bahnhof Winningen (22. Oktober 1990). *Foto: U. Kandler*

Die 143 255 hat am 25. Mai 2009 mit einem Regionalzug aus Koblenz den Bahnhof Moselkern erreicht. *Foto: U. Kandler*

Bahnhof Wengerohr im Jahr 1910: Hier konnte in die Züge der Nebenbahnen nach Bernkastel-Kues und Wittlich umgestiegen werden. *Fotos: Slg. Kandler (3)*

Der Bahnhof Wengerohr erhielt einen schmucken Giebel (1900).

Moselbahn oder Moselstrecke – das ist hier die Frage

Wenn von der DB-Strecke Koblenz – Trier die Rede ist, wird diese zuweilen fälschlicherweise als „Moselbahn" bezeichnet. Korrekt muss es „Moselstrecke" heißen. Und zwar aus einem einfachen Grund: Die Bezeichnung „Moselbahn" (auch Moseltalbahn) bleibt der ehedem am rechten Moselufer verlaufenden Kleinbahn Trier – Bullay vorbehalten, die als „Saufbähnchen" weit über die Grenzen des Moseltals hinaus Bekanntheit erlangte. In den Jahren 1903 bis 1905 erbaut, wurde mit der Moselkanalisierung schließlich ihr Niedergang besiegelt. Die Stilllegung erfolgte zwischen 1961 und 1968 in mehreren Etappen.

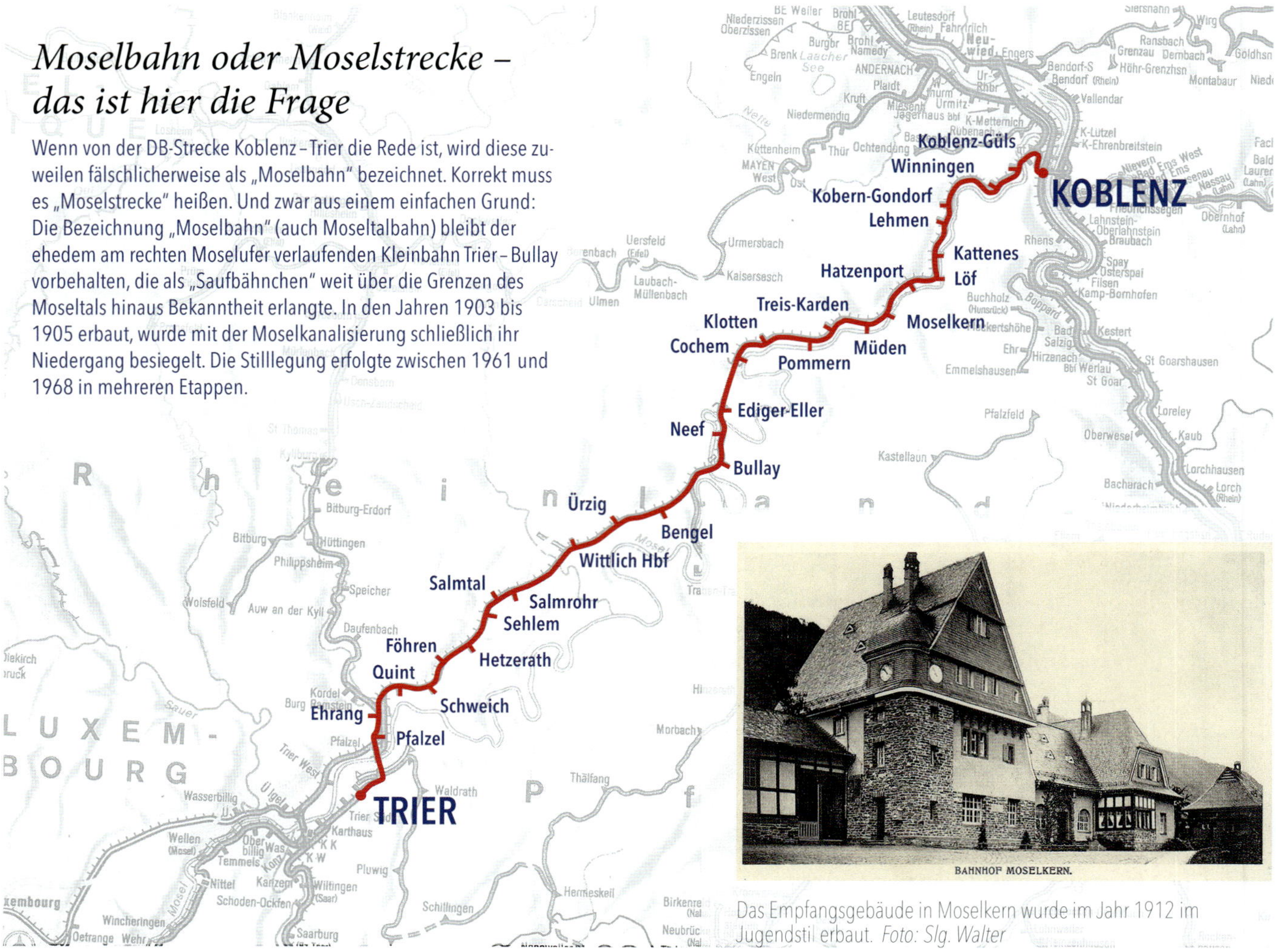

Das Empfangsgebäude in Moselkern wurde im Jahr 1912 im Jugendstil erbaut. *Foto: Slg. Walter*

bare Verbindung zwischen der bereits bestehenden Lahntalbahn und der neuen Moselstrecke her. Andernfalls hätten die von der Lahn kommenden Züge in Oberlahnstein weiterhin umständlich kopfmachen müssen, um über die seit 1864 bestehende Pfaffendorfer Rheinbrücke nach Koblenz zu gelangen (und umgekehrt von dort an die Lahn). Im Bereich der Brückenköpfe des Horchheimer Rheinübertritts musste zusätzlich die rechte Rheinstrecke und auf der gegenüberliegenden Rheinseite die linke Rheinstrecke mittels Überführungen gekreuzt werden.

Die Einbindung der Kanonenbahn in Koblenz in das Stadtgebiet stellte ein schwieriges Unterfangen dar. Hier galt es aufgrund der Funktion Koblenz' als Festungsstadt, die Planungen mit der Militärbehörde abzustimmen. Auch versuchte die Stadt selbst Einfluss auf die Königlich Preußische Eisenbahn-Verwaltung zu nehmen, weil sie mit der Lage des Personenbahnhofs außerhalb der Stadtbefestigung nicht einverstanden war. Die Stadtoberen drängten auf den Bau eines Centralbahnhofs innerhalb der Stadtbefestigung. Die damit verbundenen

Mehrkosten brachten dieses Ansinnen allerdings schnell wieder zu Fall. Beim Bau der Brücken mussten die Belange der Schifffahrt berücksichtigt und die Planungen mit den zuständigen Wasserbaubehörden abgestimmt werden. Ferner bedurfte es einer Vereinbarung mit der Rheinischen Eisenbahn über die gemeinsame Nutzung eines neu anzulegenden Bahnhofs in Niederlahnstein. Letztlich summierten sich die Gesamtkosten für das kurze Teilstück zwischen Hohenrhein und Güls auf die seinerzeit respektable Summe von 11,7 Mio. Mark (davon 4,14 Mio. Mark für die drei Flussbrücken).

Zwischen Koblenz und Trier waren zahlreiche Kunstbauten erforderlich: sechs Tunnels mit einer Gesamtlänge von 6845 m, vier Moselbrücken mit einer Gesamtlänge von 1099 m sowie der 786 m lange Hangviadukt bei Pünderich. Hinzu kamen zahlreiche weitere, zum Teil aufwendige

Schwierige Trassierung

Hangverbauungen und Stützmauern sowie diverse mehr oder minder große Brücken und Durchlässe.

Das augenscheinlich bemerkenswerteste Bauwerk der Moselstrecke ist der „Viaduct an der Pündericher Bergwand“. Nicht freistehend, sonder als steinerner Viadukt in einer Höhe von 24 m über dem Tal an den Hang gebaut, begründet sich dessen Notwendigkeit in der geologischen Beschaffenheit des Untergrunds, der vor Erreichen tragfähiger Tonschieferschichten bis zu einer Tiefe von 10 m aus Geröll besteht. Um auf eine andere Weise ein tragfähiges Planum für zwei Gleise herzustellen, hätte es gewaltiger, tief gründender Stützmauern bedurft. Dies wäre mit der Gefahr verbunden gewesen, dass durch die baulichen Ein-

Oben: Der 786 m lange Hangviadukt besteht aus 92 gemauerten Gewölbeöffnungen. Die 001 150 fährt am 1. Juli 1971 mit P 2452 nach Trier. *Foto: R. Fell/Bildarchiv der Eisenbahnstiftung*
Unten: Die Horchheimer Brücke über den Rhein verknüpft die Lahntalbahn mit der Moselstrecke. Die beiden Schweißeisen-Fachwerkbogenbinder sind je 106,6 m lang. *Foto: RVM/Slg. Gerhard*

Themenwanderweg
BULLAY – REIL

Es gibt sie inzwischen in einer schier unüberschaubaren Vielzahl und Vielfalt, die sogenannten Themenwanderwege. Überwiegend sind sie dort anzutreffen, wo man im hart umkämpften Tourismusmarkt um die Gunst der Wandersleute buhlt. Am boomenden Wandertourismus möchte natürlich jede Urlaubsregion partizipieren, zumal für derartige Wanderwege üppige EU-Fördergelder locken.

Mit dem im Herbst 2005 eröffneten „Eisenbahnhistorischen Kulturweg Kanonenbahn Bullay – Reil" ist der Verbandsgemeinde Zell (Mosel) in Zusammenarbeit mit den Gemeinden Alf, Briedel, Bullay, Pünderich und Reil die Umsetzung eines solchen Themenwanderwegs trefflich gelungen. Eine für Eisenbahnfreunde genauso wie für Urlauber gleichermaßen informativ gestaltete Wanderroute, die Wissenswertes über die Moselstrecke vermittelt.

Am Westportal des Prinzenkopf-Tunnels führt der Wanderweg unter der Bahnstrecke hindurch (425 134, März 2009). *Foto: A. Ritz*

Das Bemerkenswerte an diesem Weg ist sicherlich, dass hier auch Wanderer mit hochgesteckten fotografischen Ambitionen voll auf ihre Kosten kommen!

Dass die Moselstrecke allein schon aus bautechnischer Sicht ein interessantes Ziel ist, das hat sich unter Kennern allemal herumgesprochen. Nicht zufällig finden ihrer Einmaligkeit wegen viele Fotofreunde den Weg an den Unterlauf der Mosel. Der Kaiser-Wilhelm-Tunnel (auch Cochemer Tunnel genannt), die Doppelstockbrücke bei Bullay, der Pündericher Hangviadukt – allesamt markante Eisenbahnbauwerke, eingebettet in die bezaubernde Flusslandschaft der Mosel. Und genau diese Pfründe machte man sich bei der Umsetzung des Eisenbahnhistorischen Kulturwegs zu eigen.

Interessant sind die Hintergründe über das Zustandekommen des Kulturwanderweges. Ausschlaggebend war eine von Studenten der Bergischen Universität Wuppertal erstellte Ideenskizze, die dem Bürgermeister der Verbandsgemeinde Zell zufällig in die Hände fiel und so aus bloßen Gedankensplittern schnell ein ehrgeiziges Projekt erwuchs. Das mit Kosten in Höhe von 230 000 Euro bezifferte Projekt wurde zu 60 % aus Mitteln der Gemeinschaftsinitiative LEADER+ der Europäischen Union und des Landes Rheinland-Pfalz gefördert. Die übrigen Kosten, bezuschusst durch den Landkreis Cochem-Zell, teilten sich die am Projekt beteiligten Gemeinden. Neben 15 entlang der Route aufgestellten Thementafeln, die sich mit der Geschichte, den Bauwerken und den Eisenbahnfahrzeugen der „Kanonenbahn" beschäftigen, wurden darüber hinaus – und das ist das eigentlich Besondere – auch zwei Aussichts- und Fotografier-Plattformen, sinnigerweise als „Großer Voyeur" und „Kleiner Voyeur" bezeichnet, installiert. Diese befinden sich auf der Westseite unmittelbar beim Prinzenkopf-Tunnel und nahe dem Kopfende des Pündericher Hangviaduktes. Beide Plattformen eröffnen dem Betrachter aus nächster Nähe interessante Einblicke in den vorherrschenden Bahnbetrieb. Dem engagierten Fotofreund dienen sie zugleich als bestens geeignete Fotoplattformen. Kleiner Wermutstropfen: Einige Textpassagen der Schautafeln kommen beim fachlich versierten Leser ein wenig gestelzt rüber. Schade, dass die Texte vor ihrer „Festschreibung" nicht von einem Eisenbahnkenner gegengelesen wurden.

Der in Bullay am „Umweltbahnhof" beginnende, bestens ausgeschilderte Kulturweg führt den Wanderer zunächst auf der Straßenebene der doppelstöckigen Moselbrücke an das gegenüberliegende Moselufer. Nach kurzem Anstieg ist auch schon der erste, unmittelbar beim Prinzenkopf-Tunnel befindliche Standpunkt erreicht, mit freiem Blick auf die zuvor begangene Moselbrücke. Auf steilem Pfad führt der Kulturweg durch den Wald hinauf zur Marienburg. Unterwegs eröffnet sich ein erneuter Blick auf die nun weit unterhalb liegende Eisenbahn-/Straßenbrücke sowie den Bahnhof der Moselgemeinde Bullay – zugleich das erste Fotohighlight der Wanderroute. Auf der Marienburg angekommen kann man einen grandiosen Ausblick ins Moseltal auf die weit unten verlaufende Strecke mit dem berühmten Pündericher Hangviadukt genießen. Wer von hier aus wirklich gute Fotos schießen möchte, dem seien die frühen Morgenstunden und ein Tag mit guter Fernsicht angeraten. Der Ausblick auf die Mosellandschaft vom nahen, auf dem Prinzenkopf gelegenen Aussichtsturm setzt dem Ganzen gewiss die Krone auf.

Immer der Beschilderung folgend führt der von Rebstöcken gesäumte Weg nach einiger Zeit von der Anhöhe steil abwärts zur ersten, an der Westseite des Prinzenkopf-Tunnels gelegenen Fotoplattform und weiter auf dem unterhalb des Hangviadukts verlaufenden Weg zur zweiten Fotoplattform. Zwischendurch gilt es immer wieder die Thementafeln zu studieren.

In Reil am Endpunkt der Themenwanderung angekommen, hat man rund 8,5 km zurückgelegt. Wer besonders gut zu Fuß ist, kann dem gesamten, auf 25 km anlegten Rundwanderweg via Zell und Briedel folgen oder aber die Rückfahrt nach Bullay mit der Bahn antreten. Auf dem weiteren Weg über Zell wird den Wanderern unter anderem auch Wissenswertes über das „Saufbähnchen", der ehedem rechts der Mosel von Trier nach Bullay verlaufenden Moselbahn, vermittelt. Ebenso findet die Moselweinbahn Bullay – Traben-Trarbach Erwähnung.

Fazit: Ein Themenweg, den es – ob Eisenbahnfreund oder nicht – unbedingt per pedes zu erkunden gilt und der an dieser Stelle als Ausflugsziel ausdrücklich empfohlen werden kann.

Bei der Abzweigstelle Pünderich wurde für Fotografen eine Plattform errichtet. *Foto: G. Dillig*

Oben: Zwei 44er begegnen sich im Oktober 1971 mit ihren gemischten Güterzügen auf dem Pündericher Hangviadukt. *Foto: J. Claus/Bildarchiv der Eisenbahnstiftung*
Rechts Mitte: Mit elf Öffnungen deutlich kürzer ist der Hangviadukt zwischen Neef und Bullay (023 063 mit P 2456; April 1971). *Foto: U. Budde*

griffe beträchtliche Hangrutschungen provoziert worden wären. Eine entsprechende Vorgehensweise hätte die Baukosten gegenüber dem Hangviadukt nahezu verdoppelt. Der 786 m lange Hangviadukt besteht aus 92 gemauerten Gewölbeöffnungen mit einer lichten Weite von je 7,2 m. Die Pfeiler gründen entsprechend dem losen Gestein zwischen 2 und 10 m tief auf dem dort vorzufindenden tragfähigen Untergrund. Aus landschaftsästhetischen Gründen und mit Rücksicht auf die Kosten für die Unterhaltung des Bauwerks kamen etwaige eiserne Überbauten nicht in Betracht. Der Bau erfolgte in den Jahren 1877/78 beginnend mit dem der Mosel zugewandten Gleis. Anschließend wurde in den Jahren 1879/80 im Zuge des zweigleisigen Ausbaus der Moselstrecke die bergseitige Spur, das Streckengleis Koblenz – Trier, verlegt.

Ein weiterer Hangviadukt mit elf Öffnungen, ähnlich jenem bei Pünderich, kam zwi-

In Winningen führt die Trasse über einen Viadukt mit eisernen Überbauten. Er weist 14 Öffnungen von je 12 m auf, die lichte Höhe beträgt 4,4 m. *Foto: Slg. Walter*

38 2088 und 38 2547 bei der Ausfahrt mit P 437 in Trier Hbf (1954). *Foto: C. Bellingrodt/Slg. Gerhard*

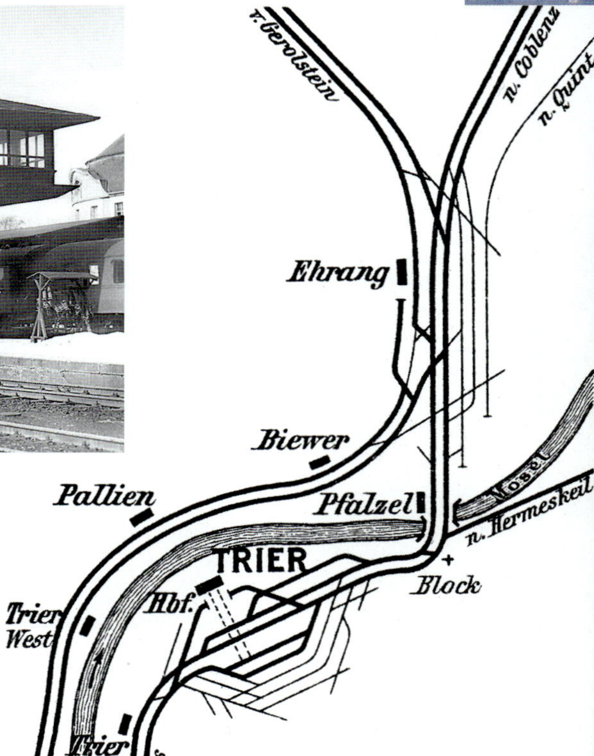

Eisenbahnstrecken im Raum Trier/Ehrang im Jahr 1914 (ohne die private Moselbahn). *Abb.: U. Kandler*

schen Neef und Bullay an der Aldegunder Bergwand zur Ausführung. Um das öffentliche Leben Winningens durch den Bahnbetrieb möglichst wenig zu beeinträchtigen, wurde die Bahntrasse auch zwischen dem Ort und dem Moselufer auf knapp 200 m Länge in Hochlage über einen kleinen Viadukt mit 14 Öffnungen von je 12 m und einer lichten Höhe von 4,4 m geführt.

Im Vergleich mit dem Kaiser-Wilhelm-Tunnel, dem herausragenden Mammutbau unter den deutschen Eisenbahntunnels (siehe Kapitel Seite 68), nehmen sich die anderen Tunnelbauwerke der Moselstrecke relativ bescheiden aus. Mit einer Länge von 790 m reicht die Nummer zwei, der Meulenwald-Tunnel bei Schweich, nicht annähernd an den Kaiser-Wilhelm-Tunnel heran, geschweige denn die übrigen Tunnelbauwerke, deren Länge im Bereich von 369 m bis 519 m liegt. Diese Durchstiche waren daher eher unspektakulär. Dennoch verschlang die Herstellung der Tunnels beträchtliche Mittel, die alleine gut ein Fünftel der Gesamtbaukosten der Moselstrecke ausmachten.

Blick auf die Bahnlinie bei Trier West und über die Mosel hinweg zur Innenstadt. *Foto: Slg. Walter*

Im Abschnitt zwischen Güls und Cochem mussten sich die Ingenieure den Schwierigkeiten stellen, die Bahntrasse im Sinne der Bewohner halbwegs verträglich durch die Moselorte zu führen. Der oftmals nur geringe Abstand zwischen der Mosel und den mitunter steil aufragenden Berghängen erforderte oft umfangreiche Felssprengungen, was wiederum aufwendige Maßnahmen gegen Hangrutschungen und Felsabstürze nach sich zog.

Zum Zeitpunkt der Inbetriebnahme der Moselstrecke am 15. Mai 1879 stand nur ein Gleis zur Verfügung. Nahtlos wurde bis 1881 der zweigleisige Ausbau fortgesetzt. Dabei musste der unvollständige Unterbau für das zweite Gleis vorbereitet werden und die eisernen Brückenüberbauten waren zu ergänzen. ❑

Oben: Mit dem D 157 über die Eifelstrecke und Köln nach Düsseldorf verlässt die 01 235 am 7. Mai 1967 den Trierer Hauptbahnhof. Im Bw Trier Hbf sind fast ausschließlich Dieseltriebfahrzeuge zu sehen. Die Beheimatung von Dampflokomotiven endete in Trier im September 1968. Foto: *R. Fell/Bildarchiv der Eisenbahnstiftung*
Links: Das Empfangsgebäude in Ehrang wurde 1870 von der Rheinischen Eisenbahn-Gesellschaft errichtet (April 1985). *Foto: P. Schiffer/Bildarchiv der Eisenbahnstiftung*

1915 begannen die Bauarbeiten an einer zweiten Hauptstrecke von Trier nach Koblenz. *Foto: Slg. Gerhard*

Rechts der Mosel

In den Jahren vor dem Ersten Weltkrieg reifte die Erkenntnis, dass im Moseltal aufgrund der angespannten Betriebssituation auf der Moselstrecke aus militärischen wie auch kommerziellen Erwägungen heraus eine weitere Bahnlinie benötigt wird. Nach Abschluss der Planungsphase wurden im Jahre 1915 mitten im Krieg die Arbeiten partiell aufgenommen. Es war beabsichtigt, von Trier bis Bullay die neue Trasse überwiegend parallel zur bestehenden Moselstrecke zu verlegen. Im weiteren Verlauf sollte sie rechts der Mosel nach Koblenz führen mit Anschluss an das Verbindungsstück Koblenz-Lützel – Neuwied. Dieses Teilstück über den Rhein hinweg mit der Kronprinzenbrücke und der Anbindung an die rechte Rheinstrecke konnte kurz vor Kriegsende am 15. August 1918 in Betrieb genommen werden. Als weitere wichtige Baumaßnahmen waren der Quinter Viadukt und der 2565 m lange Treiser Tunnel nahezu fertiggestellt. Ihrem zugedachten Zweck konnten sie nie zugeführt werden, denn gemäß dem Versailler Friedensvertrag von 1919 hatten alle strategisch motivierten Baumaßnahmen zukünftig zu unterbleiben und somit auch der Weiterbau der rechten Moselstrecke.

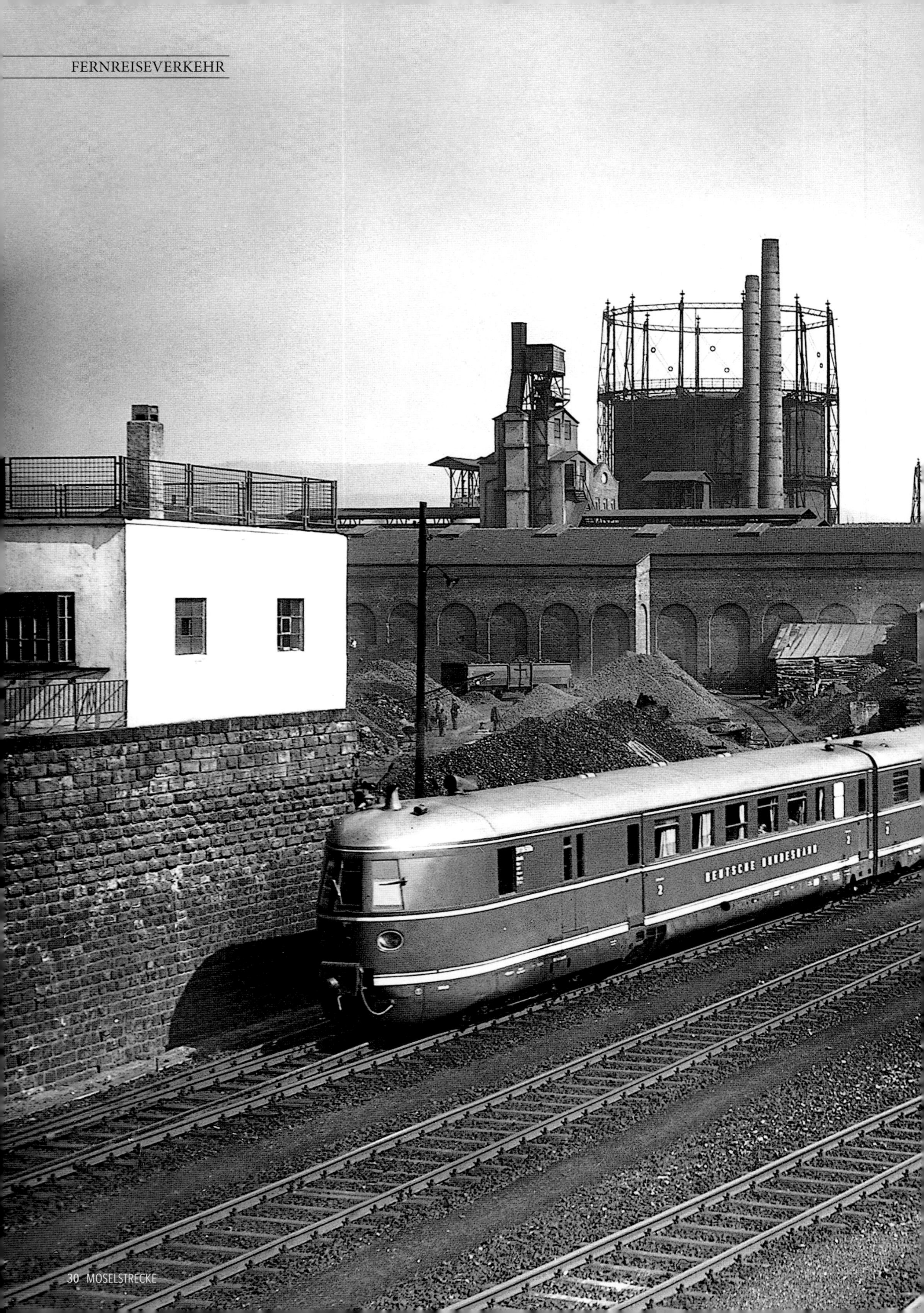
DEUTSCHE BUNDESBAHN

BERLIN, PARIS &

NORDDEICH MOLE

Der hochwertige Reisezugverkehr entlang der Mosel war nie sehr bedeutend. Vor 1945 gab es aber immerhin Schnellzüge nach Berlin. 1991 verdichtete die DB das Angebot im Fernverkehr auf einen Zweistundentakt. 2002 erfolgte die Einbindung ins Intercity-Netz, neuer Zielbahnhof war ab 2003 Norddeich Mole. Der letzte IC fuhr 2014, seither heißt es in Koblenz umsteigen

VT 04 501 verlässt als „Montan-Expreß" Frankfurt (M) – Luxemburg am 24. April 1954 Trier.
Foto: C. Bellingrodt

Nahe Hatzenport dampft 1930 bei der Burg Bischofstein eine preußische P 8 mit einem Schnellzug Richtung Trier. Vermutlich handelt es sich um den D 248 aus Berlin.

Vor 100 Jahren gab es Fernzüge, die die von der „Kanonenbahn" vorgegebene Distanz auf ganzer Länge bewältigten. Im Sommer 1914 waren es zwei D-Zug-Paare: D 123/124 und D 125/126 in der Relation Metz – Luxemburg – Koblenz – Berlin Schlesischer Bahnhof. Im Sommerfahrplan 1925 war nur noch ein Zugpaar (D 125/126) mit dem leicht verkürzten Laufweg Diedenhofen (Thionville) – Koblenz – Berlin Potsdamer Bahnhof verzeichnet. Während des Zweiten Weltkriegs waren es im Sommer 1941 wieder zwei Schnellzugverbindungen: D 277/278 Luxemburg – Koblenz – Berlin Potsdamer Bahnhof und D 491/492 Metz – Luxemburg – Koblenz – Berlin Potsdamer Bahnhof. Im Winter 1944/45 gab es aufgrund der Kriegswirren bereits keine direkte Verbindung zwischen dem äußersten Westen des „Großdeutschen Reiches" und der Reichshauptstadt Berlin mehr. Zu diesem Zeitpunkt bedienten die D 277/278 und D 491/492 nur noch die Relation Metz – Koblenz.

Bedingt durch die innerdeutsche Grenzziehung und die damit einhergehenden veränderten Verkehrsbedürfnissen kam nach dem Zweiten Weltkrieg eine direkte Verbindung mit Berlin nicht wieder zustande. Der Sommerfahrplan 1953 weist den grenzüberschreitenden D 21/24 mit dem Laufweg Paris Est – Luxemburg – Koblenz aus. Als weitere Fernzüge sind der

Zum Sommerfahrplan 1953 wurde der „Montan-Expreß" Frankfurt (M) – Luxemburg eingeführt. Die Aufnahme zeigt den VT 04 000 auf der Moselbrücke bei Konz. *Foto: DB (Below)/Slg. Friedhelm Ernst*

»Montan-Expreß«

In Anlehnung an die am 23. Juli 1952 in Kraft getretene Montan-Union (Europäische Gemeinschaft für Kohle und Stahl) zur Schaffung eines gemeinsamen Marktes für Kohle, Eisenerz, Stahl und Schrott mit Sitz in Luxemburg führte die Deutsche Bundesbahn mit Beginn des ab 17. Mai des Folgejahres gültigen Sommerfahrplans 1953 den FT 231/232 „Montan-Expreß" mit dem Laufweg Frankfurt (Main) – Mainz – Koblenz – Trier – Luxemburg ein. Für das Zugpaar standen dem Bw Frankfurt-Griesheim die beiden zweiteiligen Schnelltriebwagen VT 04 000 aus dem Jahr 1932 (der Urahn aller SVT) und VT 04 501 (Bauart Hamburg) von 1935 zur Verfügung. Ab dem Sommerfahrplan 1956 verkehrte das Zugpaar als lokbespannter, mit Maschinen der Baureihe 38^{10} des Bw Trier gefahrener Schnellzug D 227/228 und mit dem verkürzten Laufweg Koblenz – Luxemburg. Letzte Fahrplanperiode des „Montan-Expreß" war der Winterfahrplan 1965/66.

38 3399 fährt 1953 mit dem D 21 aus Paris über die Doppelstockbrücke in Bullay. *Fotos: C. Bellingrodt/ Bildarchiv der Eisenbahnstiftung (2)*

181 201 bespannte am 18. Oktober 2005 den IC 434 aus Norddeich (bei Klotten). *Foto: U. Kandler*

V 160 077 mit D 226 nach Paris in Cochem (April 1967). *Foto: R. Fell/Bildarchiv der Eisenbahnstiftung*

D 215/218 Metz – Koblenz – Köln (mit Kurswagen von/nach Paris Est) sowie der D 123/124 von Luxemburg, der über Koblenz hinaus bis nach Niederlahnstein (mit direktem Anschluss nach/von Frankfurt/Main) durchgebunden war, zu nennen. Mit dem ab 22. Mai 1955 gültigen Sommerfahrplan kam der „Heckeneilzug" E 575/576 mit dem außergewöhnlichen Laufweg Trier – Koblenz – Gießen – Kassel – Hamburg – Westerland (Sylt) hinzu, wobei der Gegenzug in Koblenz endete. Unter geänderter Zugnummer als E 1570/1571 bzw. E 2070/2071 kam er zeitweise sogar bis Luxemburg. Letztmalig verkehrte der „Westerländer" am 26. Mai 1979. Die Möglichkeit, umsteigefrei von Paris nach Koblenz zu gelangen, ermöglichte bis zum Ende des Winterfahrplans

1994: InterRegios im Zweistundentakt

1982/83 der E 1451, zuletzt allerdings nur montags. Der gegenläufige E 1454 verkehrte an Freitagen von Koblenz nach Metz (mit Kurswagen nach Paris Est).

Danach bedienten mehrere Schnellzüge die Relation Saarbrücken/Luxemburg – Trier – Koblenz (– Dortmund). Eine nennenswerte Veränderung brachte ab dem Jahresfahrplan 1991/92 die Verdichtung des Schnellzugangebots in der vorgenannten Relation auf einen Zweistundentakt im Vorlaufbetrieb zur geplanten Einführung des InterRegio. Mit der am 29. Mai 1994 gestarteten IR-Linie 11 Luxemburg/Saarbrücken – Trier – Koblenz – Köln – Münster – Cuxhaven kam fortan auch die Mosel-Saar-Region in den Genuss dieser noch zu Zeiten der Bundesbahn kreierten Zuggattung in ihrem einprägsamen fernblau-lichtgrauen Erscheinungsbild.

Im Zuge der Bahnreform unter der Ägide der nunmehrigen DB AG entwickelte sich der InterRegio bald schon zum ungeliebten Kind, bevor er mit dem am 15. Dezember 2002 beginnenden Jahresfahrplan schließlich aus dem Angebot gestrichen wurde. Aber nur scheinbar, denn im Prinzip blieb an der Mosel alles beim Alten. Aus dem IR wurde der InterCity und die IR-Wagen erhielten entsprechend dem IC-Farbschema ein neues Äußeres. Wesentliche Neuerung für die Fahrgäste stellte der nun fällige IC-Zuschlag dar! Und ab 2003 war Norddeich Mole der Zielbahnhof.

In den Folgejahren wurde das IC-Angebot sukzessive ausgedünnt. Ab Dezember 2005 ließ die DB in Tagesrandlage ein ICE-

216 178 mit D 602 (Saarbrücken – Dortmund) am 8. September 1971 bei Hatzenport. *Foto: P. Schiffer/Bildarchiv der Eisenbahnstiftung*

Mit dem D 226 (Koblenz – Luxemburg – Paris) hat die 01 008 am 22. Mai 1966 das Einfahrsignal von Cochem passiert. *Foto: T. Clarke/Bildarchiv der Eisenbahnstiftung*

110 146 hat am 18. Juli 1995 bei Koblenz-Moselweiß den IR 2531 nach Cuxhaven am Haken. *Foto: U. Kandler*

Ohne Umsteigen bis ans Mittelmeer

Eine der bemerkenswertesten Fernverkehrsverbindungen der letzten Jahrzehnte war das in den 1990er Jahren über die Moselstrecke verkehrende Saison-Schnellzugpaar D 1272/1273. Erstmals angeboten wurde das nur im Sommer während der Hauptsaison eingesetzte Zugpaar mit dem Laufweg Cerbère – Nancy – Metz – Luxemburg – Trier – Koblenz – Köln in der Zeit vom 28. Juni bis 1. September 1991. Auf dem Rückweg endete die Reise nicht am Ausgangsort im französischen Grenzbahnhof Cerbère, sondern jenseits der Grenze im spanischen Port Bou. Zuglok im Abschnitt Luxemburg – Koblenz – Köln war eine 181.2. In der Anfangszeit kamen zwischen Luxemburg und Trier übergangsweise CFL-Diesellokomotiven der Reihen 1600 und 1800 zum Einsatz. Zusammengestellt war der Zug in der Regel aus sechs 2.-Klasse-Schnellzugwagen der SNCF, an der Zugspitze und am Zugende jeweils ein Sitzwagen und mittig vier Liegewagen. Letztmalig verkehrte das Schnellzugpaar im Sommer 2000 vom 23. Juni bis 27. August.

Die CFL-Diesellok 1604 hat am 29. Juni 1992 in Trier den D 1273 nach Port Bou übernommen und bringt ihn nach Luxemburg. *Foto: G. Dollwet*

Mit dem Nachtzug D 1272 aus Cerbère wechselt die 181 209 am 20. Juli 1995 über die Horchheimer Brücke in Koblenz auf die rechte Rheinseite. *Foto: U. Kandler*

Zugpaar von Trier nach Berlin fahren. Im Dezember 2011 wurde die ICE-Verbindung zusammen mit drei IC-Zugpaaren gekappt. Bis zur kompletten Aufgabe des verbliebenen IC-Verkehrs und damit des Fernreiseverkehrs zum Planwechsel im Dezember 2014 bestand das Angebot aus zwei IC-Zugpaaren. Am 13. Dezember 2014 fuhr als definitiv letzte IC-Leistung auf der Moselstrecke der IC 133 „Ostfriesland" Luxemburg – Norddeich Mole mit der 181 219.

Seither gibt es im Reisezugverkehr nur noch das Angebot des Rheinland-Pfalz-Takts. Dabei werden die von der Luxemburgischen Staatsbahn (CFL) für den Betrieb der Linie RE 11 Luxemburg – Trier – Koblenz in acht Exemplaren bei Stadler beschafften Doppelstocktriebwagen des Typs KISS (mit Zweisystemausrüstung) in Trier stündlich mit den Stadler-Triebwagen „Flirt 3" der SÜWEX-Linie RE 1 Mannheim/Saarbrücken – Trier – Koblenz gekuppelt und verkehren auf dem Abschnitt Trier – Koblenz in Doppeltraktion. ❑

Ab Dezember 2005 startete ein ICE 2 frühmorgens in Trier Hbf zur Fahrt nach Berlin (aufgenommen am 23. Mai 2010). *Foto: M. Werth*

UNGLEICHES
QUARTETT

Auf der Fahrt von Koblenz nach Trier überqueren die Züge viermal die Mosel. Nur die Brücke bei Ediger-Eller ist der Eisenbahn vorbehalten, die Bauwerke bei Güls und Pfalzel sind mit zusätzlichen Fußgängerstegen versehen. Die untere Etage der zweistöckigen Konstruktion in Bullay dient dem Straßenverkehr

Auf der Fahrt von Koblenz nach Trier wechseln die Züge die Moselseite viermal. Hier die Brücke bei Koblenz-Güls (22. Oktober 1990). *Foto: U. Kandler*

Brücken sind für die Eisenbahn unerlässlich. Trotz oder gerade wegen ihrer aufwändigen Trassierung kommt die Moselstrecke am Unterlauf des namensgebenden Stroms mit nur vier großen Brücken aus – lässt man die sonstigen Überführungen, Durchlässe und Bachquerungen außen vor.

Im Verlauf der Moselstrecke galt es bereits auf den ersten Kilometern zwischen Moselweiß und Güls (seit 1970 Koblenz-Güls) den Lauf der Mosel ein erstes Mal zu überbrücken. Um höhere Achslasten im Güterverkehr zu ermöglichen, erfuhr die Gülser Eisenbahnbrücke 1925/26 eine Anpassung an die gestiegenen Verkehrsbedürfnisse. Dabei wurden die stählernen Überbauten durch neue, stärkere ersetzt. Die Widerlager und Strompfeiler blieben weitgehend unverändert, womit der ursprüngliche Charakter des Brückenbauwerks bewahrt wurde. Im Zuge der Verstärkungsarbeiten brachte man auf der Südseite einen Fußgängersteg an.

Von der Wehrmacht gesprengt, erfolgte wenige Monate nach dem Ende des Zweiten Weltkriegs die behelfsmäßige, eingleisige Instandsetzung der Brücke. Der zweigleisige Wiederaufbau kam bis 1948 zustande. Auch mit den in jüngerer Zeit vorgenommenen Sanierungs- und Anpassungsarbeiten (Verstärkung der Strompfeiler gegen Schiffskollisionen, Reduzierung der Lärmemissionen und Instandsetzung des Fußgängerstegs) blieb erfreulicherweise

Fotografie vom Bau der Brücke bei Güls aus dem Jahr 1878.

Nach Ende des Zweiten Weltkriegs musste die Brücke wieder aufgebaut werden (1948).

Die Moselbrücke bei Güls nach dem Ersatz der Überbauten von 1877/78 durch solche in einer stärkeren Ausführung (1927). *Fotos: Slg. Kandler (4)*

38 2548 donnert 1937 mit D 327 über die in den 1920er Jahren erneuerten Überbauten der Moselbrücke bei Eller. *Foto: C. Bellingrodt/Bildarchiv der Eisenbahnstiftung*

das ursprüngliche Bild der Brücke erhalten. Die 50 Streckenkilometer stromaufwärts gelegene Moselbrücke bei Ediger-Eller hat ihr ursprüngliches Aussehen hingegen schon lange eingebüßt. Am Ende des Zweiten Weltkriegs wurde sie zerstört und zunächst nur eingleisig instand gesetzt.

Mehrfach umgebaut: Moselbrücke Eller

Ein kompletter Wiederaufbau der ursprünglichen Brücke kam aufgrund der Kriegsschäden nicht in Betracht. Vielmehr wurde die Brücke 1956 in Stahlbalkenausführung komplett neu erstellt. Übrigens hatte man auch in Eller bereits Mitte der 1920er Jahre die Überbauten im Zuge der Anpassung der Achslasten verstärkt bzw. erneuert. Als wesentliche Maßnahme wurde das Haupttragwerk von Parabel- auf

Kennzeichen der Ursprungsausführung der Brücke bei Eller war das Haupttragwerk mit Parabelträgern (1924).

Bis 1956 wurde die Moselbrücke bei Eller als Stahlbalkenbrücke komplett neu erstellt. Auf dieser Fotografie ist eine preußische G 10 mit einem Arbeitszug zu sehen. *Foto: Slg. Dollwet*

Moselbrücken

Ort	Bauweise	Länge	Spannweite	Strecken-km	Strom-km	Baujahr
Koblenz-Güls	Stahlbogen	266 m	47,50 m	3,60	5,80	1877/78 [1]
Ediger-Eller	Stahlbalken	307 m	40,00 m	53,49	74,50	1877 [2]
Bullay	Fachwerkbalken [3]	314 m	72,20 m	59,83	82,74	1875 – 1878 [4]
Trier-Pfalzel	Stahlbalken [5]	212 m	51,00 m	108,15	187,56	1878

Anmerkungen

[1]) 1925/26 Verstärkung und Anbringung eines einseitigen Fußgängerstegs. Am 8. März 1945 von der Wehrmacht gesprengt; zweigleisiger Wiederaufbau bis 1948.
[2]) Aufgrund der Kriegsschäden 1956 durch Neubau ersetzt.
[3]) Kombinierte Eisenbahn-/Straßenbrücke.
[4]) 1928/29 Einbau verstärkter Brückenüberbauten.
[5]) 1914 – 1917 viergleisiger Ausbau. Im März 1945 von der Wehrmacht gesprengt; Wiederinbetriebnahme am 1. Mai 1947 als eingleisiges Provisorium. Der endgültige, zweigleisige Neubau mit einseitigem Fußgängerweg erfolgt bis Ende 1957.

44 1112 und 50 2476 rollen 1953 über die behelfsmäßig reparierte Moselbrücke bei Eller. *Foto: C. Bellingrodt/Slg. Schwarz*

Unten: Bei Ediger-Eller quert eine 143 mit einem Regionalzug nach Koblenz die Mosel (Oktober 2001). *Foto: U. Kandler*

Oben: Eine P 8 hat Mitte der 1920er Jahre den Bahnhof Bullay (am rechten Bildrand) in Richtung Trier verlassen. Die Brücke präsentiert sich hier noch mit den ursprünglichen Überbauten. *Foto: Slg. Gerhard*
Unten: Ein Foto von der Reparatur der zerstörten Doppelstockbrücke im Jahr 1946. Mit der Verkehrsfreigabe am 24. April 1947 war die Strecke Koblenz–Ehrang wieder durchgängig befahrbar. *Foto: Slg. Dollwet*

Trapezträger umgerüstet, womit sich das ursprüngliche Erscheinungsbild der Brücke schon früh veränderte.

Nur sechs Kilometer weiter südlich quert die Moselstrecke nahe des Bahnhofs Bullay die Mosel erneut. Hier wurde beim Brückenschlag ein gänzlich neuer Weg beschritten. Als seinerzeit absolutes Novum im Brückenbau kam zwischen 1875 und 1878 eine doppelstöckige Stahlgitterträger-Konstruktion zur Ausführung: Oben fährt die Eisenbahn über die Mosel und darunter der Straßenverkehr. Um die Moselstrecke insgesamt leistungsfähiger zu machen, erfolgte 1928/29 der Austausch der Überbauten gegen eine stärkere Ausführung. Hintergrund war eine Heraufsetzung der maximal zulässigen Achslast auf 20 t.

Am 10. Februar 1945 wurde bei einem Fliegerangriff durch die Alliierten das Haupttragwerk der Brücke zerstört. Damit nicht genug, brachten beim Rückzug der deutschen Truppen Pioniere zwei weitere Brückensegmente durch Sprengung zum Einsturz. Infolge der massiven Zerstörung konnte die Doppelstock-Konstruktion unter der Regie der französischen Besatzer erst bis zum 24. April 1947 für den Verkehr wieder freigegeben werden; nun war die Moselstrecke bis Ehrang durchgängig befahrbar. Um die Standsicherheit der Brücke bei einem möglichen Schiffsanprall zu erhöhen, wurden 2002 Vorkehrungen getroffen: Drei Strompfeiler erhielten Betoninjektionen und im Gründungsbereich wurden so genannte Kleinbohrverpresspfähle eingebaut.

Auf zwei Stockwerken über die Mosel

Vor den Toren Triers galt es für die Moselstrecke den Flusslauf abermals zu queren. Im Gegensatz zu den anderen Eisenbahn-Moselbrücken in Stahlbauweise entschied man sich in Pfalzel für eine gemauerte Ausführung mit acht Gewölbebögen.

Die Bündelung des wachsenden Verkehrsaufkommens von Eifel- und Moselstrecke in Ehrang auf Trier zu erforderte den Ausbau der Pfalzeler Eisenbahnbrücke bereits während des Ersten Weltkriegs in den Jahren 1915 bis 1917 von zwei auf vier Gleise – ganz den Zeitumständen geschuldet natürlich hauptsächlich aus militärstrategischen Erwägungen heraus. Das unausweichliche Schicksal, das vielen wichtigen Eisenbahnbrücken in Deutschland widerfuhr, war die Sprengung durch die Wehrmacht am 1. März 1945. Als eingleisiger Notbehelf ab 1. August 1947 befahrbar, konnte der zweigleisige, in Stahlbauweise ausgeführte Wiederaufbau der Pfalzeler Moselbrücke erst im Oktober 1957 umfänglich abgeschlossen werden. Die neue Brückenkonstruktion erhielt moselaufwärts einen separaten Fußweg. ❑

Eine preußische G 10 vom Bw Cochem schiebt Ende der 1950er Jahre auf der Doppelstockbrücke bei Bullay einen Güterzug aus Koblenz nach. *Foto: R. Palm*

Ende 1957 wurde der Neubau der Moselbrücke bei Pfalzel in Betrieb genommen (Güterzug mit 50 1738, März 1967). *Foto: M. Thielen*

MONTANVERKEHR
DOMINIERT

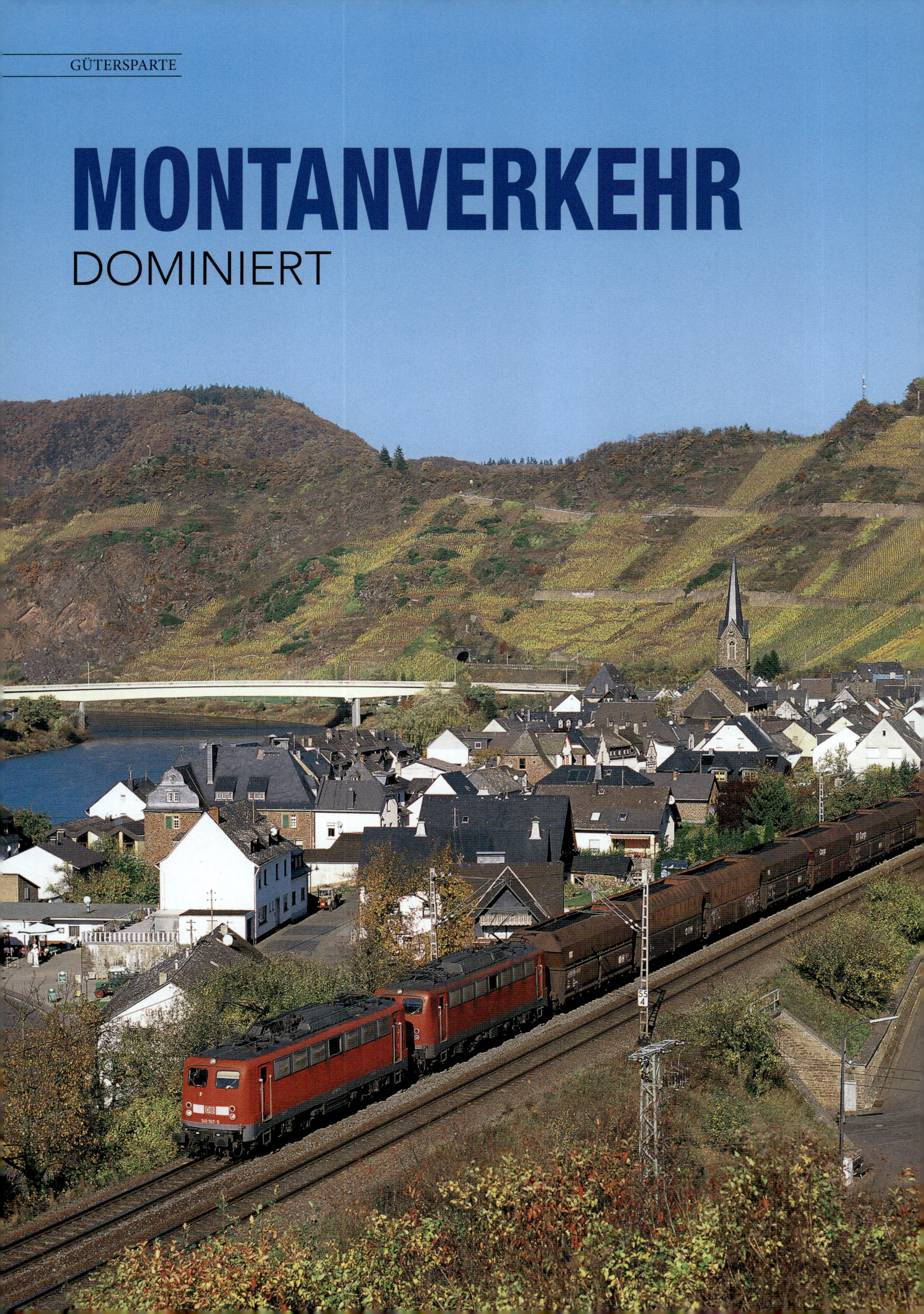

140 767 und 832 mit einem Kohle-Ganzzug ins Saarland in Neef (28. Oktober 2005). *Foto: U. Kandler*

Viele Güterzüge transportieren heute Fracht, die dem Montanbereich zuzuordnen ist, wie z.B. Erz, Kohle, Schrott und Coils. Das war auch früher schon so. Der Warenfluss zwischen dem Ruhrgebiet und der Region Saar-Lothringen-Luxemburg ist seit der Eröffnung der Bahnlinie im Moseltal im Jahr 1879 beachtlich

Seit nunmehr weit über einem Jahrhundert wird das Hauptgüteraufkommen der Moselstrecke nach dem Saarland, Luxemburg und Frankreich sowie in der Gegenrichtung in die Rhein-Ruhr-Region und darüber hinaus maßgeblich vom Rohstoff- und Warenfluss der Montanindustrie bestimmt. Dabei gilt es nicht nur, Rohstoffe wie Eisenerz, Koks, Kohle, Kalk und Schrott für die Hütten- und Stahlwerke, sondern ebenso die daraus gefertigten Produkte wie Stahlcoils, Bleche, Brammen, Rohre, Drahtrollen und dergleichen mehr zu den weiterverarbeitenden Betrieben zu befördern.

Ursprünglich ganz und gar unter strategischen Gesichtspunkten als Teil der „Kanonenbahn“ Berlin – Metz realisiert, erkannte man bald schon die Vorzüge der Moselstrecke im Sinne einer weitgehend friedlichen Nutzung. Sie entwickelte sich rasch zur bedeutenden Ab- und Zufuhrstrecke für den Massenguttransport der Montanindustrie. Längst war es nicht mehr nur die Eisenbahn, deren Expansion der Eisen- und Stahlindustrie zu immer neuen Umsatzrekorden verhalf, sondern genauso die Produktion von Kriegsgerät jedweder Art. Die Militärs gaben sich zu Kaisers Zeiten bei den einschlägigen Unternehmen die Klinke in die Hand. Das Krupp-Imperium in Essen zeugt davon. Das Unternehmen stand für nahtlose Eisenbahnradreifen genauso wie für den Bau von Kanonen. Die deutschen Montanunternehmen hatten jedenfalls alle Hände voll zu tun. Unerlässlich für die Schwerindustrie war die Rohstoffbasis aus Eisenerz und Kohle. Nur daraus lässt sich bekanntlich der Stoff erschmelzen, der in nahezu allen Lebensbereichen unverzichtbar ist – Stahl!

Als 1871 mit Gründung des Deutschen Kaiserreichs diesem Teile Lothringens zufielen, erlangte Deutschland den unmittelbaren Zugang zu den dortigen Minette-Erzvorkommen. Die noch unerschlossenen Vorkommen machten sich die Stahlkocher von Ruhr und Saar zu eigen, gehörten die Minette-Erze doch zu jenen mit besonders hohem Eisenanteil. In Lothringen und Luxemburg siedelten sich die etablierten Hüttenwerkbetreiber nahe den Erzvorkommen mit entsprechenden Zweigwerken an. Schnell entwickelte sich daraus ein reger Warenfluss zwischen dem Ruhrgebiet einerseits und dem Montandreieck Saar-Lothringen-Luxemburg andererseits.

Der alles entscheidende Brennstoff bei der Verhüttung von Eisenerz im Hochofen ist der aus Kohle gebackene Koks – vorzugsweise unter Verwendung der im Ruhrgebiet geförderten Fettkohle, die sich für die Verkokung von Kohle zu hochwertigem Koks besonders gut eignete. Der Koks fand einen großen Abnehmerkreis, auch bei den Hüttenwerkbetreibern im Montandreieck.

Die Montanindustrie erlebte in den Jahren vor dem Ersten Weltkrieg ihre Hochblüte. Die Moselstrecke als wichtiges Bindeglied zwischen den Schwerindustriezentren stieß an ihre Kapazitätsgrenze. Allein bis zu 90 Zugfahrten täglich dienten 1913 unmittelbar dem Montanverkehr, hinzu kamen der sonstige Güterverkehr sowie die Reisezüge. Am ausgeprägten Montanverkehr sollte sich, abgesehen von kriegsbedingten Ereignissen und deren Folgen, bis zu den frühen 1970er Jahren kaum etwas ändern. Erst danach wirkte sich die von der EU auf den Weg gebrachte Deregulierung des Montanbereichs aus, einhergehend mit einer drastischen Konzentration der Hütten- und Stahlwerke auf nur noch wenige Standorte. Dennoch ist die Moselstrecke bis heute eine der wichtigsten Routen für den europäischen Montanverkehr geblieben, mit einer besonders leistungsfähigen Erzlogistik.

Infolge der sich permanent verändernden Anforderungen musste sich dieser Transportbereich im Laufe der Zeit immer wieder anpassen. Besonders die Erschöpfung der heimischen Rohstoffquellen und der Bedeutungsverlust der europäischen Eisenerz-Exportländer wie Spanien und Schweden gingen mit permanenten Veränderungen bei der Eisenerzlogistik einher. Das Eisenerz kommt heute in Form von Eisenerzpellets überwiegend aus fernen Ländern wie Kanada, Brasilien, Afrika und Australien. Ergo passte sich die Bahn mit der Bereitstellung entsprechender Transporteinheiten an. Auch gegenüber der Konkurrenz zu Wasser, die es durch leistungsfähige Transportketten auf Distanz zu halten galt und bis heute noch gilt. Eröffneten sich mit der Mosel- und Saarkanalisierung der Binnenschifffahrt doch neue Möglichkeiten, unter anderem Erztransporte von den Nordseehäfen über Rhein und Mosel an die Saar. Mit der Kanalisierung der Mosel sah sich die Deutsch Bundesbahn schon in den 1960er Jahren veranlasst, aufgrund der drohenden Konkurrenz bei den Kokstransporten von Gelsenkirchen nach Lothringen die Frachttarife drastisch zu senken. In Zahlen ausgedrückt reduzierte sich der Preis für die abgefahrene Tonne Koks von DM 26,54 auf DM 17,06.

Ein wesentlicher Wettbewerbsvorteil der Bahn gegenüber der Binnenschifffahrt ist die weitgehende Unabhängigkeit gegenüber den immer häufiger und heftiger auftretenden Wetterunbilden. Heißt es doch an Rhein, Mosel und Saar allzu häufig „Land unter“ mit den dann verbundenen Einschränkungen bei der Schifffahrt, die ab einem bestimmten Pegelstand ganz ruhen muss. Genauso kann es bei langanhaltenden Trockenperioden zu Beeinträchtigungen bei der Schifffahrt kommen, dann aufgrund von Niedrigwasser. Hochöfen sind aber aus technischen wie auch wirtschaftlichen Gründen ganz und gar auf den Dauerbetrieb – und das über viele Jahre hinweg – ausgelegt. Eine konstante Erzversorgung ist für den Hochofenbetrieb von geradezu essenzieller Bedeutung. Die Versorgungskette darf keinesfalls abreißen, zu hoch wäre der wirtschaftliche Schaden. Nicht umsonst genießt die Erzversorgung der Dillinger Hütte via Moselstrecke uneingeschränkt Priorität, mit langfristigen Transportvereinbarungen zwischen Bahn und Hüttenbetreiber.

Mit 5000 Tonnen moselaufwärts

Erstmals setzte sich am 31. Oktober 1978 in Duisburg-Ruhrort Hafen einer der neuen 5000-t-Erzzüge mit dem Ziel der seinerzeit noch betriebenen Völklinger Hütte in Bewegung. Die aus 37 Selbstentladewagen vom Typ Faals 150 gebildeten Ganzzüge ermöglichten den Transport von 3750 Nettotonnen Eisenerz. Mit der Dillinger Hütte kam am 31. Dezember 1978 ein weiterer saarländischer Anlaufpunkt hinzu und ab dem 2. Juni 1979 schließlich auch noch das Neunkircher Eisenwerk. Die EU-weite Umstrukturierung der Montanindustrie wirkte sich freilich auch massiv auf das Saargebiet aus. Lediglich die Dillinger Hütte vermochte die Zeiten zu überdauern, vor allem dank einer bis heute unverändert verlässlichen bahngestützten Versorgungskette. Der schienengebundene Erzumschlag für die Dillinger Hütte beläuft sich gegenwärtig auf jährlich rund 5 Mio. t.

Seit 2010 werden die 5500-t-Erzzüge von Rotterdam nach Dillingen mit zwei Loks der Baureihe 189 gefahren. Mit einem Leerzug passieren 189 085 und 047 am 1. Oktober 2013 Winningen.

Die Entwicklung der von der Bundesbahn zwischen 1978 und 1983 beschafften Selbstentladewagen der Bauart Faals 150 erfolgte in enger Abstimmung mit der zu versorgenden Hüttenindustrie. Ihr Einsatz erforderte aufgrund der damit einhergehenden Anhebung der zulässigen Achslast von 20 auf 22,5 t allerdings eine entspre-

Bei der Fähre in Koblenz-Lay wurde am 7. Oktober 2005 ein Erzleerzug aus Dillingen mit einer 151-Doppeltraktion abgepasst. *Fotos: U. Kandler (2)*

chende Anpassung des Gleisoberbaus. Bis Ende der 1990er Jahre wurde die Verladung der überwiegend aus Brasilien stammenden Eisenerze auf die Bahn sukzessive von Duisburg-Ruhrort Hafen auf den Massenguthafen Rotterdam-Maasvlakte verlagert. Die Erzzüge wurden auf der ersten Etappe von Rotterdam bis zum Grenzbahnhof Venlo von drei Dieselloks der Reihe 6400 der Nederlandse Spoorwegen bespannt. In Venlo übernahmen zwei DB-151 die Ganzzüge zur Weiterbeförderung bzw. übergaben dort die Leerwagengarnituren zur Rückführung nach Rotterdam durch die NS.

Der Bestand der sechsachsigen Selbstentladewagen wurde ab 1998 durch die weiterentwickelten Faals 151 ergänzt. Diese zeichneten sich gegenüber dem Vorgänger durch einen größeren Laderaum mit höherer Zuladung und einer maximalen Radsatzlast von 25 t aus. Bei den heute eingesetzten Wagen der Bauarten Falrrs 152 und Falrrs 153 handelt es sich um ab 2004 vorgenommene Umbauten. Dabei wurden jeweils zwei Faals 151 mittels Kuppelstange zu einer festen Einheit zusammengefügt. Die beiden Bauarten unterscheiden sich bezüglich der Seitenklappen: Beim Falrrs 152 lassen sich die Seitenklappen paarweise, beim Falrrs 153 alle vier gleichzeitig öffnen und schließen. Sämtliche Erzwagen wie auch die für den Erzverkehr bestimmten Lokomotiven verfügen aufgrund der hohen Zugmassen über automatische Mittelpufferkupplungen (UIC-Kupplung) vom Typ 69 und 69a. Die maximale Bruttolast der Erzganzzüge lag zunächst bei 5000 t. Später auf 5150 t angehoben, liegt die Bruttolast mittlerweile bei maximal 5500 t.

Die Erzganzzüge sind auf ihrem rund 450 km langen Laufweg so in das Fahrplangefüge eingebettet, dass eine Behinderung durch andere Zügen möglichst vermieden wird und sie ohne Fahrtunterbrechung verkehren können. Dabei befahren sie auf deutscher Seite auch Streckenabschnitte, die mit sehr engen Taktfahrplänen belegt sind (z.B. linksrheinisch zwischen Köln und Koblenz), was eine genaue Einhaltung der Fahrzeiten erfordert. Die Höchstgeschwindigkeit der Züge liegt beladen bei 80 km/h. Bei Leerfahrten von Dillingen nach Rotterdam sind bis zu 100 km/h zulässig.

Von der Baureihe 151 zur 189

Nachdem am 2. April 2010 erstmals zwei 189er mit einem 5500-t-Erzzug von Rotterdam nach Dillingen erfolgreich unterwegs waren, wurden die altgedienten sechsachsigen Boliden der Baureihe 151 bis Mitte des Jahres schrittweise durch die modernen vierachsigen hollandtauglichen Mehrfrequenzloks abgelöst. Mit deren un-

Die Leergarnitur eines „Viertausenders" mit insgesamt 50 Wagen befindet sich im Frühjahr 1972 bei Pünderich auf der Rückfahrt nach Emden. *Foto: K. Schelenz*

»Langer Heinrich«

Vielen Lesern dürfte der von Emden aus verkehrende „Lange Heinrich" ein Begriff sein, der bis 1976 auf der Emslandstrecke bis Rheine mit zwei ölgefeuerten Dampflokomotiven der Baureihe 043 (gelegentlich auch in der Kombination 042 mit 043) bespannt wurde. Dabei handelte es sich um ins Ruhrgebiet oder an die Saar verkehrende Erzganzzüge mit einer Bruttolast von 4000 t, damals die schwersten auf DB-Gleisen fahrenden Güterzüge.

Mit der Entscheidung, die saarländischen Hüttenwerke über den Erzhafen Emden mit Eisenerz zu versorgen, war man der dichten Streckenbelegung südlich des Ruhrgebiets wegen ab März 1968 dazu übergegangen, kurzerhand zwei der bis dahin üblichen, aus 25 vierachsigen Fad-Wagen bestehenden 2000-t-Erzganzzüge zu Doppeleinheiten zusammenzufassen. Zunächst in Münster, mit fortschreitender Elektrifizierung ab 1972 bereits in Rheine, erfolgte das Umspannen auf zwei Elloks der Baureihe 140, die bis Koblenz-Moselweiß Gbf am Zug blieben. Die Beförderung entlang der Mosel oblag dann wiederum der Dampftraktion in Gestalt der Baureihe 044 der Bahnbetriebswerke Ehrang und Koblenz-Mosel (bis Ende 1973). Wegen der Bengeler Rampe, jenem hinter Pünderich beginnenden Anstieg aus dem Moseltal hinauf zum Bahnhof Ürzig, wurden die Viertausender ab Koblenz in aller Regel zweigeteilt gefahren und ab Cochem von einer weiteren 044, einer 050 oder aber während der Elektrifizierungsarbeiten von zwei Dieselloks der Baureihe 290 nachgeschoben.

Ob der im ab 31. Mai 1970 gültigen Buchfahrplan ausgewiesene Gdg 6070 mit 4000 t und zwei 044 (zwischen Bullay und Ürzig mit 290-Nachschub), der in Koblenz-Moselweiß Gbf planmäßig um 0:30 Uhr seine Fahrt in Richtung Saargebiet antrat, tatsächlich mit 4000 t verkehrte, kann mangels verlässlicher Aussagen nicht zweifelsfrei bestätigt werden. Wenn überhaupt, wurden 4000-t-Züge nur für kurze Zeit bis zum Beginn der Elektrifizierungsarbeiten gefahren. In der Fußnote der Buchfahrplanseite wird zudem explizit darauf hingewiesen, dass ein Anfahren mit 4000 t auf den Streckenabschnitten Cochem – Bullay und Pünderich – Ürzig nicht möglich ist.

145 070 fährt in den Kaiser-Wilhelm-Tunnel ein (Cochem, März 2007). *Foto: R. Kollig*

eingeschränkter Verfügbarkeit konnte der Laufweg der Erzzüge auf niederländischer Seite auf die bereits 2007 eröffnete und ausschließlich dem Güterverkehr mit dem Hafen Rotterdam dienende Betuweroute (via Emmerich) verlegt werden.

Was schon zu Zeiten des über drei Jahrzehnte währenden 151-Einsatzes galt, gilt unverändert auch für die mit der Baureihe 189 bespannten Erzzüge: Für das Befahren des kritischsten Abschnitts des gesamten Laufwegs müssen die Signale für die „Erzbomber" zwischen Ediger-Eller und Ürzig mit der Passage über die Bengeler Rampe grundsätzlich Hp 1 (Fahrt) zeigen! Ein Anfahren der Erzzüge in der 10‰-Steigung ist ohne Hilfslok nicht möglich.

Wenngleich die Erzganzzüge sicherlich die interessanteste Komponente des Montanverkehrs darstellen, sorgen die übrigen diesem Industriebereich entstammenden Güterzüge auf der Moselstrecke für reichlich Abwechslung. Neben den unterschiedlichen Ganzzügen im Massengutverkehr werden darüber hinaus die gemischten Güterzüge im grenzüberschreitenden Verkehr mit Frankreich und Luxemburg fast immer auch von mehr oder minder umfangreichen montanspezifischen Wagengruppen bestimmt, die in den Zugverband eingestellt sind. Nahezu in jedem zweiten gemischten Güterzug finden sich mit diversen Schrottsorten (Eisen-, Misch-, Schredder-, Guss-Schrott etc.) beladene, offene Wagen der Gattung Eanos-x. Schrott ist ein für die Stahlerzeugung unverzichtbarer Zuschlagstoff. Ein typisches Transportgut sind auch die „Brammen" genannten Flachquader, das Vormaterial zum Walzen von Blechen und Bändern, das hauptsächlich mit den sechsachsigen Drehgestellflachwagen der Bauart Samms 709/710 von den Stahlwerken zu den weiterverarbeitenden Betrieben gebracht werden.

Überaus stark vertreten sind die Wagen für den Transport von Stahlcoils – den zu Rollen aufgewickelten Blechen, die besonders in der Automobilindustrie begehrt sind. Bei den Coiltransporten an der Mosel werden zum Schutz nässeempfindlicher Coils fast ausschließlich die geschlossenen Drehgestellwagen verwendet. Entweder Wagen mit Teleskophauben der Bauarten Shimmns 708 mit vier und Sahimms 900 mit sechs Radsätzen oder die mittlerweile dominierende Variante mit verschiebbarem Planenverdeck, die vierachsigen Wagen der Bauarten Shimmns-tu 718 und Shimmns-ttu 722/723 sowie die sechsachsigen Sahimms 901. Profile, Rohre und Träger jeglicher Art werden u.a. mit vierachsigen Flachwagen der Gattung Rbns 646 transportiert. Für den Großröhrentransport stehen

Die E 37 518 der Leasinggesellschaft CB Rail befördert am 1. Oktober 2013 bei Winningen Güterfracht aus dem Ruhrgebiet in Richtung Ehrang. Die Ladung auf dem Rungenwagen hinter der Lokomotive des Alstom-Typs Prima (Baujahr 2008) besteht aus Röhren. *Foto: U. Kandler*

zudem vierachsige Drehgestell-Flachwagen der Bauart Sns 727 mit optimierter Ladebreite zur Verfügung, die genauso wie die Rbns 646 mit Rungen und Niederbindeeinrichtung zur Verzurrung des Ladegutes versehen sind.

Das Wagenmaterial der Deutschen Bahn bildet nur die eine Seite der schwerindustriellen Schienenlogistik, denn mit ähnlichen Spezialwagen für den Montanverkehr sind die Bahnen der Nachbarländer Luxemburg, Frankreich und Belgien vertreten. Die an der Mosel anzutreffenden Güterzüge geben vom Wagenmaterial her ein rundum buntes Bild ab. Bei den Triebfahrzeugen geht es nicht minder abwechslungsreich und international zu.

Einen Ganzzug aus Selbstentladewagen mit Schwenkdach, der offensichtlich dem Kalktransport dient, hat die 185 216 am 10. Juli 2008 bei Hatzenport am Haken. *Foto: U. Kandler*

Zugkreuzung in Cochem am 23. Juni 2016: Die 189 080 der DB wartet die Ankunft der 437 003 der SNCF mit einem Güterzug aus Frankreich (Besteller: Captrain, Tochtergesellschaft der SNCF) ab.
Foto: U. Kandler

Güterzüge Koblenz – Trier (Sommer 2016)

Uhrzeit Cochem	Zuggattung und -nummer		Verkehrstage	Abgangsbahnhof	Zielbahnhof	Lok-baureihe	Besteller
00:04	DGS	42237	Fr(nS) B	Vitry-le-François	Duisburg-Wedau Ostgruppe	037	Captrain
00:11	EZ	45673	Di-Sa	Bettembourg	Gremberg	185	DB Cargo
00:31	EZ	45224	Mi-Sa(nS)	Gremberg	Woippy	437	DB Cargo
00:32	DGS	95788	Di-Sa	Bous	Düsseldorf-Rath	185	Captrain
00:45	DGS	69330	Di-Sa B	Oberhausen West	Ehrang Nord	185	CFL Cargo
00:57	EZ	44228	Di-Sa (nS)	Mannheim Rbf	Woippy	185	DB Cargo
01:10	GM	60441	Di-Sa	Dillingen Hochofen Hütte	Mülheim-Styrum	185	DB Cargo
01:11	GM	48719	Di-Sa	Maasvlakte Oost	Dillingen Hochofen Hütte	189+189	DB Cargo
01:18	GM	49719	So	Maasvlakte Oost	Dillingen Hochofen Hütte	189+189	DB Cargo
01:20	DGS	69471	Di-Sa	Brake (Unterweser)	Neunkirchen (Saar)	437	HSL Logistik
01:26	DGS	52578	Mo+Mi+Fr B	Landstuhl	Borstel	193	SETG
01:42	DGS	52568	Mi+Sa(nS) B	Karlsruhe Rheinbrücke Raffinerie	Ehrang Nord	185	RheinCargo
01:53	GM	48729	Di-Sa	Maasvlakte Oost	Dillingen Zentralkokerei	189+189	DB Cargo
02:16	DGS	91210	Mo-So B	Moers Gbf	Göttelborn	185	Rhenus Rail
02:19	KT	41211	Mi+Fr	Bayonne	Köln-Eifeltor	185	DB Cargo
02:22	EZ	45660	Di+Do+Fr	Gremberg	Bettembourg	185	DB Cargo
02:43	KT	41265	Mi-Sa	Port Bou	Köln-Eifeltor	145	DB Cargo
02:51	KT	41201	Mi-Fr	Irun	Ludwigshafen BASF Umschlagbf.	185	DB Cargo
03:10	DGS	52573	Mi B	Ehrang Nord	Gelsenkirchen-Bismarck	185	RheinCargo
03:13	DGS	45200	Di+Do+Sa	Dortmund-Scharnhorst	Woippy	037	Captrain
03:21	DGS	49354	Di B	Decin-Prost Zleb	Ehrang Nord	185	CFL Cargo
03:51	GM	60085	Di+Do+Sa	Neunkirchen (Saar)	Oberhausen West Orm	151	DB Cargo
04:06	DGS	49354	Di B	Decin-Prost Zleb	Ehrang Nord	185	CFL Cargo
04:20	EZ	52023	Mo-Fr(S)	Neunkirchen (Saar)	Hagen-Vorhalle	155	DB Cargo
04:21	KT	41263	Di-Sa	Venissieux	Duisburg-Ruhrort Hafen	437	DB Cargo
04:33	DGS	91116	B	Duisburg-Ruhrort Hafen	Neunkirchen (Saar)	185	Rhenus Rail
05:03	GA	47732	Mo-Fr	Dillingen Fordwerke	Vlissingen Sloeh	155	DB Cargo
05:13	DGS	47216	Mo-Do	Rheinhausen	Apach	037	Rhenus Rail
05:25	GM	48721	Di-Sa	Maasvlakte Oost	Dillingen Hochofen Hütte	189+189	DB Cargo
05:35	EZ	51854	Di-Sa(nS)	Dillingen	Gremberg	185	DB Cargo
05:46	GA	52970	Di+Mi+Fr+Sa(nS)	Berlin-Lichterfelde	Saarbrücken Rbf Nord	185	DB Cargo
06:03	GA	47739	Sa	Vlissingen Sloeh	Merzig (Saar)	155	DB Cargo
06:15	EZ	52023	Mo-Fr(S)	Neunkirchen (Saar)	Hagen-Vorhalle	155	DB Cargo
06:32	GM	60409	Di+Do+Fr	Kehl	Ehrang Nord	185	DB Cargo
06:44	GA	47735	Di-Fr	Vlissingen Sloeh	Dillingen Fordwerke	155	DB Cargo
07:00	GM	48720	Sa+So	Dillingen Hochofen Hütte	Maasvlakte Oost	189+189	DB Cargo
07:10	GM	60297	So	Dillingen Zentralkokerei	Oberhausen West Orm	151	DB Cargo
07:12	GM	48710	Di-Fr	Dillingen Hochofen Hütte	Maasvlakte Oost	189+189	DB Cargo
07:29	GM	48745	Mo+Mi+Fr+Sa	Maasvlakte Oost	Neunkirchen (Saar)	189+189	DB Cargo
07:40	EZ	45209	Di-Do+Sa	Woippy	Gremberg	145	DB Cargo
07:40	DGS	47232	Fr	Apach	Rheinhausen	037	Rhenus Rail
07:47	DGS	41500	Di+Do+Sa	Krefeld-Uerdingen	Bettembourg	185	CFL Cargo
07:51	EZ	45661	Di+Do+Fr	Bettembourg	Gremberg	185	DB Cargo
08:12	DGS	41532	Mo+Mi+Fr	Krefeld-Uerdingen	Bettembourg	185	CFL Cargo
08:20	GA	47739	Sa	Vlissingen Sloeh	Merzig (Saar)	155	DB Cargo
08:32	GM	60298	Di-Sa(S)	Dillingen Zentralkokerei	Oberhausen West Orm	151	DB Cargo
08:35	KT	50730	So	Saarbrücken Rbf West	Köln-Eifeltor	185	DB Cargo
08:51	GM	60440	Do	Mülheim-Styrum	Dillingen Hochofen Hütte	185	DB Cargo
08:57	GM	60087	So	Neunkirchen (Saar)	Oberhausen West Orm	151	DB Cargo
09:14	GA	47735	Di-Fr	Vlissingen Sloeh	Dillingen Fordwerke	189	DB Cargo
09:25	GM	48711	Di-Sa	Maasvlakte Oost	Dillingen Hochofen Hütte	189+189	DB Cargo
09:28	EZ	51421	So	Gremberg	Saarbrücken Rbf Nord	185	DB Cargo
10:00	DGS	52579	Mo+Di+Fr(S) B	Ehrang Nord	Köln-Eifeltor	185	DB Cargo
10:47	GM	47684	Di+Do B	Ziltendorf	Rodange	185	DB Cargo
11:05	GM	48712	Di-Sa	Dillingen Hochofen Hütte	Maasvlakte Oost	189	DB Cargo
11:19	DGS	49238	So	Duisburg-Hochfeld	Valenciennes	037	Captrain
11:28	EZ	45662	So	Gremberg	Bettembourg	185	DB Cargo
11:48	EZ	45664	Di-Sa	Gremberg	Bettembourg	185	DB Cargo
12:14	EZ	45112	Fr+ Mo B+Mi	Gremberg	Bettembourg	185	DB Cargo
12:20	EZ	45218	So	Gremberg	Woippy	145	DB Cargo
12:52	DGS	45203	Mo-Do+Sa	Woippy	Dortmund-Scharnhorst	037	Captrain
13:05	EZ	45679	Mi+Fr-Mo	Bettembourg	Gremberg	185	DB Cargo
13:19	DGS	69332	So B	Oberhausen-West	Ehrang Nord	185	CFL Cargo
13:20	EZ	51422	Di-Fr	Gremberg	Saarbrücken Rbf Nord	155	DB Cargo
13:33	GM	48722	So	Dillingen Hochofen Hütte	Maasvlakte Oost	189	DB Cargo
13:50	GM	48713	Mo-Sa	Maasvlakte Oost	Dillingen Hochofen Hütte	189+189	DB Cargo
14:04	DGS	49245	Mo+Do	Valenciennes	Duisburg-Hochfeld	037	Captrain
14:28	GM	49716	Mo	Dillingen Hochofen Hütte	Maasvlakte Oost	189	DB Cargo
14:29	DGS	91114	Mo-Sa B	Duisburg-Ruhrort Hafen	Göttelborn	185	Rhenus Rail
14:34	EZ	45665	So	Bettembourg	Gremberg	185	DB Cargo
14:47	DGS	47212	Fr	Rheinhausen	Apach	037	Rhenus Rail
14:48	GM	47262	Di	Bremen Stahlwerke	Revigny	185	DB Cargo
14:48	GM	47280	Do+Sa B	Bremen Stahlwerke	Revigny	185	DB Cargo
15:05	DGS	91117	B	Neunkirchen (Saar)	Duisburg-Ruhrort Hafen	185	Rhenus Rail
15:30	GM	48727	Mo-Sa	Amsterdam-Westhaven	Dillingen Zentralkokerei	189+189	DB Cargo
15:51	GM	48714	Di-Fr	Dillingen Hochofen Hütte	Maasvlakte Oost	189	DB Cargo
15:51	GM	48724	Sa	Dillingen Hochofen Hütte	Maasvlakte Oost	189	DB Cargo
15:51	GM	49714	Mo	Dillingen Hochofen Hütte	Maasvlakte Oost	189	DB Cargo
15:53	DGS	47206	Mi(S) B	Gütersloh Hbf	Vitry-le-Franç cois	037	Captrain
16:06	GA	52971	Mo+Mi+Fr(S)	Dillingen	Berlin-Lichterfelde	185	DB Cargo
16:19	EZ	45670	Sa	Gremberg	Bettembourg	185	DB Cargo
16:20	EK	55450	Mo-Fr(S)	Koblenz-Lützel Mitte	Ehrang Nord	155	DB Cargo
16:49	EZ	51424	Mo-Fr	Gremberg	Saarbrücken Rbf Nord	185	DB Cargo
16:51	EZ	45663	Di-Sa	Bettembourg	Gremberg	185	DB Cargo
16:52	KT	41208	Sa	Duisburg-Ruhrort Hafen	Venissieux	185	DB Cargo
16:57	EZ	51423	Sa(S)	Gremberg	Saarbrücken Rbf Nord	185	DB Cargo
16:58	DGS	49353	Do B	Ehrang Nord	Eisenach Gbf	185	CFL Cargo
17:11	GM	48715	Mo-Sa	Maasvlakte Oost	Dillingen Hochofen Hütte	189+189	DB Cargo
17:32	DGS	91211	B	Göttelborn	Moers Gbf	185	Rhenus Rail
17:46	EZ	45220	Sa	Gremberg	Woippy	145	DB Cargo
18:00	EZ	45227	Sa	Woippy	Gremberg	145	DB Cargo
18:20	DGS	95787	Mo-Fr(S)	Düsseldorf-Rath	Bous	185	Captrain
18:21	DGS	45204	So	Dortmund-Scharnhorst	Woippy	037	Captrain
18:31	GC	40393	Do	Woippy	Subotica	155	DB Cargo
18:58	GM	48227	Do+Sa B	Revigny	Bremen Stahlwerke	185	DB Cargo
19:19	DGS	44268	Mi	Duisburg-Hochfeld	Valenciennes	037	Captrain
19:20	GM	49715	So	Maasvlakte Oost	Dillingen Hochofen Hütte	189+189	DB Cargo
19:29	KT	41260	Mo-Mi	Duisburg-Ruhrort Hafen	Venissieux	185	DB Cargo
19:30	EZ	45671	Sa	Bettembourg	Gremberg	185	DB Cargo
19:51	GM	48716	Di-Fr	Dillingen Hochofen Hütte	Maasvlakte Oost	189	DB Cargo
19:53	GM	48726	Sa	Dillingen Hochofen Hütte	Maasvlakte Oost	189	DB Cargo
19:56	EZ	45229	So	Woippy	Gremberg	437	DB Cargo
20:05	DGS	41501	Di+Do+Sa	Bettembourg	Krefeld-Uerdingen	185	CFL Cargo
20:05	DGS	41531	Mo+Mi+Fr	Bettembourg	Krefeld-Uerdingen	185	CFL Cargo
20:21	EZ	45672	Mo-Fr	Gremberg	Bettembourg	185	DB Cargo
20:34	EZ	44249	Di-Sa	Woippy	Mannheim Rbf	185	DB Cargo
20:48	GC	40390	Di	Subotica	Woippy	185	DB Cargo
20:52	DGS	47227	Mo+Mi	Apach	Rheinhausen	037	Rhenus Rail
20:57	KT	50731	Mo+Mi+Fr	Köln-Eifeltor	Saarbrücken Rbf Nord	185	DB Cargo
21:20	GM	49717	So	Maasvlakte Oost	Dillingen Hochofen Hütte	189+189	DB Cargo
21:22	GM	48717	Mo-Sa	Maasvlakte Oost	Dillingen Hochofen Hütte	189+189	DB Cargo
21:32	GA	47730	Mo-Fr(S)	Dillingen Fordwerke	Vlissingen Sloeh	155	DB Cargo
21:47	KT	41260	Do	Duisburg-Ruhrort Hafen	Venissieux	185	DB Cargo
21:54	EZ	45660	Mo-Fr	Gremberg	Bettembourg	185	DB Cargo
22:27	EK	55452	So B	Koblenz-Lützel Mitte	Ehrang Nord	294	DB Cargo
22:28	DGS	52572	Mo(S) B	Gelsenkirchen-Bismarck	Ehrang Nord	185	RheinCargo
22:52	EZ	45215	Mi-Fr(S)	Woippy	Gremberg	145	DB Cargo
22:58	DGS	69472	So-Do	Neunkirchen (Saar)	Brake/Unterweser	037	HSL Logistik
23:05	GM	60295	Di-Sa(S)	Dillingen Zentralkokerei	Oberhausen West Orm	151	DB Cargo
23:19	KT	41258	Mo-Fr	Köln-Eifeltor	Port Bou	145	DB Cargo
23:30	GM	48718	Mo-Fr	Dillingen Hochofen Hütte	Maasvlakte Oost	189	DB Cargo
23:31	GM	48728	Sa	Dillingen Hochofen Hütte	Maasvlakte Oost	189	DB Cargo
23:39	GA	47737	Mo-Fr	Vlissingen Sloeh	Dillingen Fordwerke	155	DB Cargo
23:45	DGS	48258	Mo+Do	Duisburg-Hochfeld	Valenciennes	037	Captrain
23:51	DGS	44273	Di+Fr	Valenciennes	Duisburg-Hochfeld	037	Captrain

DB-Abkürzungen der Zuggattungen

EK	Einzelwagen-Zubringerzug
EZ	Einzelwagenzug
GA	Automotive-Ganzzug
GC	Chemie-Ganzzug
GM	Montan-Ganzzug
KT	Kombizug
DGS	Zubringerzug externer Eisenbahnverkehrsunternehmen

Die auf der linken Seite abgedruckte Auflistung der planmäßig auf der Moselstrecke verkehrenden Güterzüge mit den Durchfahrtszeiten für den Bahnhof Cochem (Stand August 2016) gibt Aufschluss über die vorrangig im Güterverkehr bedienten Industriezweige. Das dem Montanverkehr zuzuordnende Zuggattungskürzel *GM* lässt erkennen, dass auf der Moselstrecke nahezu ein Drittel des Güteraufkommens unmittelbar den unterschiedlichen Bereichen der Schwerindustrie zugeordnet werden kann.

Güterverkehr aktuell

Die markantesten Leistungen sind hierbei die vom Rotterdamer Hafen (Maasvlakte Oost) aus die Dillinger Hütte anlaufenden 5500-t-Erzganzzüge und die zurück nach Rotterdam leerlaufenden Garnituren, die generell mit zwei Maschinen der Baureihe 189 in Doppeltraktion gefahren werden. Zudem steuern von Rotterdam bzw. Amsterdam aus Ganzzüge mit Importkohle und 189-Doppelbespannung die Ziele Neunkirchen/Saar (Kraftwerk Bexbach) und die Zentralkokerei Saar in Dillingen an.

Das Bremer Stahlwerk versorgt mit seinen Ausgangsprodukten einen Blankstahlproduzenten im französischen Revigny (GM 47262/47280). Beides übrigens Betriebe, die zum Stahlkonzern ArcelorMittal gehören. Erwähnenswert ist ferner der vom Werkbahnhof Ziltendorf der ArcelorMittal Eisenhüttenstadt nach dem luxemburgischen ArcelorMittal-Werk in Rodange verkehrende GM 47684. Darüber hinaus sind es Kohlenzüge zur Versorgung der saarländischen Kohlekraftwerke sowie Leistungen mit Kokskohle, vor allem zur Beschickung der Koksöfen der Zentralkokerei Saar. Andere Züge transportieren Vorprodukte der Stahlindustrie (Brammen, Bänder etc.), Bandstahl- und Stahlrollen (Coils) sowie die vielfältigen Metall-Halbzeuge (Stangen, Stabstähle, Knüppel, Rohre, Spundwandprofile etc.), die den weiterverarbeitenden Betrieben entweder in Wagengruppen – Zuggattungskürzel *EK* und *EZ* – oder Ganzzügen zugeführt werden. Das Zugpaar DGS 95787/88 gehört ebenfalls zum Montanbereich: Es dient der Versorgung des Mannesmann-Röhrenwerks in Düsseldorf-Rath durch das unweit von Saarbrücken gelegene Elektrostahlwerk Bous.

Hinter dem Kürzel *AG* verbergen sich die im Dienste der Automobilindustrie laufenden Ganzzüge, sei es zum Transport von Kfz-Komponenten oder Neuwagen (hier insbesondere der Ford-Werke in Saarlouis) zu den Zentrallagern oder zur Fahrzeugverschiffung in den Seehäfen. Die Kombizüge mit dem Kürzel *KT* umfassen den Container- und Wechselbehälter-Verkehr zwischen den unterschiedlichen Container-Umschlagplätzen.

Eine weitere Zuggattung bilden Güterzüge der chemischen Industrie, die als *GC* (Chemie-Ganzzug) verkehren. Auf der Moselstrecke hat diese Zuggattung allerdings eine nur vergleichsweise geringe Bedeutung. Lediglich der wöchentlich verkehrende GC 40390 Subotica – Woippy bzw. GC 40393 Woippy – Subotica nimmt den Weg entlang der Mosel. ❑

155 183 mit Güterzug Richtung Ehrang, im Bild festgehalten am 21. Mai 2011 bei Pünderich. *Foto: M. Werth*

185-CL 003 von Connex quert am 8. September 2005 bei Koblenz-Güls die Mosel. *Foto: U. Kandler*

TRAKTIONSWANDEL
MIT VERSPÄTUNG

Ab Ende 1973 waren auch Elektroloks im Bw Ehrang anzutreffen. Die 322 034 wird die 140 205 gleich auf die Drehscheibe ziehen (1. Juni 1974).
Foto: J. Nelkenbrecher

Während der Dampfepoche gab es entlang der Moselstrecke Bahnbetriebswerke in Trier, Ehrang, Cochem und Koblenz. Die Umstellung auf elektrischen Betrieb im Jahr 1973 brachte viele Änderungen mit sich. Die DB-Werkstatt in Trier konnte sich bis heute behaupten, sie kümmert sich aktuell vor allem um die Wartung von Triebwagen für den Regionalverkehr

Zur Dampflokzeit waren an den Knotenpunkten des Streckennetzes gelegene Betriebswerkstätten beziehungsweise Bahnbetriebswerke für die Bespannung der Züge zuständig. Von entscheidender Bedeutung, insbesondere für den Durchgangsgüterverkehr, war das am südwestlichen Ausgangspunkt der Moselstrecke unweit von Trier gelegene Bw Ehrang mit seinen Lokomotiven. Im Gegensatz dazu war das Bw Trier Hbf für die Bespannung von Reisezügen unter anderem nach Koblenz verantwortlich. Auf halber Strecke war das Bw Cochem angesiedelt, das mit seinen Lokomotiven aus der Mitte heraus Reise- und Güterzüge bespannte. Unweit der Mündung der Mosel in den Rhein war es schließlich das Bw Koblenz-Mosel, das besonders vor dem Hintergrund des sich abzeichnenden Dampfendes mit verstärkten Transportleistungen entlang der Mosel hervortrat. Am Ende der Dampfepoche zählte die Moselstrecke zu den letzten spektakulären Dampfhochburgen der Deutschen Bundesbahn.

In Ehrang trafen die im Jahr 1871 eröffnete Eifelbahn Köln – Trier und die 1878 in Betrieb genommene Obermoselstrecke Ehrang – Thionville(– Metz) aufeinander. Ein Jahr später war auch die Moselstrecke über Cochem nach Koblenz befahrbar. Der Grundstein für einen prosperierenden Verkehrsknotenpunkt war in Ehrang also früh gelegt worden. Zunächst bildete der südwestlich von Trier gelegene Rangierbahnhof Karthaus mit einer großen Betriebswerkstätte und der angegliederten Hauptwerkstätte in Konz jedoch den Betriebsmittelpunkt für die Eisenbahn der Saar-Mosel-Region.

Ehrang contra Karthaus

Erst nach der Jahrhundertwende entwickelte sich Ehrang zu einem bedeutenden Bahnknoten. Bis dahin war Ehrang nicht mehr als ein Bahnhof mit zwei aufeinandertreffenden Bahnstrecken nebst einer kleinen Lokstation mit dreiständigem Rundschuppen. Mit der Übertragung von Aufgaben des inzwischen überlasteten Rangierbahnhofs Karthaus kam es in Ehrang zur ersten nennenswerten Erweiterung der Gleisanlagen sowie zur Einrichtung einer Betriebswerkstätte. Den Durchbruch vollzog Ehrang mit der nach 1914 begonnenen Neuanlage des Güterbahnhofs nebst einem leistungsfähigen Bahnbetriebswerk.

Mit einem Ganzzug aus den damals hochmodernen Großgüterwagen ist die 58 2175 (preußische Gattung G 12) zu Beginn der 1930er Jahre bei Eller nach Koblenz unterwegs. *Foto: DB Museum*

Verwirklicht auf einem Areal unweit der Pfalzeler Moselbrücke, wurde der neue Ehranger Rangierbahnhof 1925 umfänglich in Betrieb genommen und daraufhin der Verschiebebahnhof in Karthaus stillgelegt. Am 1. Oktober 1927 büßte das Bw Karthaus seine Selbstständigkeit ein.

Zudem wurden in Trier die Gleisanlagen mit ihren Baulichkeiten an die gestiegenen Anforderungen angepasst. 1925 nahm am Hauptbahnhof das Bw Trier Hbf seine Arbeit auf. Daraufhin konnte der links der Mosel gelegene Bahnhof Trier West als Zugbildungsbahnhof für Reisezüge aufgegeben werden. Die Lokomotiven des neuen Bw Trier Hbf waren unter anderem für die Bespannung der Schnellzüge in Richtung Saarbrücken, Köln und Koblenz zuständig.

Das Bw Cochem war eine ganz und gar auf die Belange der Moselstrecke ausgerichtete Dienststelle, die ihre zugedachten Transportaufgaben mit den verfügbaren Triebfahrzeugen aus der Mitte heraus bewältigte. Hervorgegangen aus einer Lokstation mit einem zweiständigem Lokschuppen, entstand bis 1901 in Cochem eine mittelgroße Betriebswerkstätte. Platziert wurde die Bw-Anlage gleich gegenüber dem Empfangsgebäude auf einem schmalen Geländestreifen zwischen den Bahnhofsgleisen und dem dahinter steil aufragenden Weinberg.

Aufgrund der beengten Platzverhältnisse wurden zwei Halbrundschuppen nebeneinander angeordnet: einer mit 14 Ständen und 20-m-Drehscheibe, der andere mit neun Ständen und 16,2-m-Drehscheibe. In den Anfangsjahren wurden die preußischen Gattungen G 3 (DR-Baureihe 53^{10}), G 4^{2} (53^{0}) und G 5^{4} (54^{8}) sowie P 3, P 4^{1} (36^{70}) und P 4^{2} (36^{0}) vorgehalten. Die in Cochem stationierten Dampflokomotiven haben den „Dunstkreis“ der Moselstrecke so gut wie nie verlassen. Die entferntesten Zielpunkte waren im Güterverkehr der Rangierbahnhof Ehrang einerseits und der Güterbahnhof Koblenz-Moselweiß andererseits. Im Personenverkehr fuhren die Cochemer Loks bis zum Bahnhof Trier rechts der Mosel, dem späteren Hauptbahnhof, und in Koblenz bis zum Moselbahnhof, dessen Funktion 1902 der neue Koblenzer Hauptbahnhof übernahm, der zugleich auch die Aufgaben des Rheinischen Bahnhofs im Zuge der linken Rheinstrecke übernahm.

Bis 1905 strukturierte man in Koblenz auch den Betriebsmaschinendienst neu: An der linken Rheinstrecke lagen die für den Güter- bzw. Personenverkehr zuständigen Betriebswerkstätten Koblenz-Lützel und Koblenz Hbf, am Ausgangspunkt der Moselstrecke war das Bw Koblenz-Mosel situiert, das in seinen besten Zeiten einen 30-ständigen Ringlokschuppen mit 23-m-Drehscheibe besaß. Für die Triebfahrzeuggestellung an der Mosel wurde das Bw Koblenz-Mosel allerdings erst nach der Elektrifizierung der Rheinstrecken ab den 1960er Jahren von größerer Bedeutung, als sich das Einsatzgebiet der dort beheimateten 44er vom Rhein an die Mosel verlagerte, um ihren Ehranger Schwestern beizustehen.

Bevor die 44er auf der Moselstrecke zur alles beherrschenden Güterzuglokomotive

Um 1940 bringt die 57 2919 (preußische Gattung G 10) bei Cochem einen Güterzug nach Koblenz. *Foto: Slg. Ebel*

86 003 und 86 006 wurden 1928 fabrikneu dem Bw Ehrang zugeteilt. Im Jahr 1930 präsentieren sie sich hier vor dem Lokschuppen in Wittlich dem Fotografen. *Foto: C. Bellingrodt/Slg. Neumann*

wurde, dominierten zunächst freilich die unterschiedlichen preußischen Bauarten das Betriebsgeschehen. In den ersten drei Dekaden des 20. Jahrhunderts, verbunden mit dem Übergang von der Länderbahn- auf die Reichsbahnzeit, war in Ehrang mehr oder minder die ganze Bandbreite preußischer Güterzuglokomotiven mit Schlepptendern der Gattungen G 3 (DR-Baureihe 53^{10}), G 4^{2} (53^{0}) G 5^{4} (54^{8}) G 7^{1} (55^{0}), G 7^{2} (55^{7}), G 8 (55^{16}), G 8^{1} (55^{25}), G 10 (57^{10}), G 12 (58^{10}) beheimatet, die zu unterschiedlichen Zeiten den Betriebsalltag nicht nur auf der Moselstrecke bestimmten. Hinzu kamen die Güterzugtenderlokomotiven der preußischen Gattungen T 3 (89^{70}), T 4^{2} (89^{70}), T 9^{1} (90^{0-2}), T 9^{2} (90^{0-1}), T 9^{3} (91^{3}), T 14 (93^{0}), T 14^{1} (93^{5}) und T 16^{1} (94^{5}). Sie waren für die Zustellung von Übergaben zuständig, bedienten Unterwegsbahnhöfe und Gleisanschlüsse, bewältigten den umfangreichen Verschub in Ehrang und leisteten Schiebedienst zwischen Ehrang und Hetzerath.

Die Hauptlast des Durchgangsgüterverkehrs lag in der Relation Ehrang – Koblenz bei den schweren preußischen Güterzuglokomotiven. Anfangs bei der G 10 und später bei der deutlich leistungsfähigeren G 12. Die preußische G 12 (Baureihe 58^{10}) wiederum musste später ihrerseits einer stärkeren Dampflok Platz machen – der Baureihe 44.

Die Trierer 38 2194 wartet am 3. Juni 1960 im Bw Cochem auf die Rückleistung, an der Cochemer 57 3022 werden Wartungsarbeiten ausgeführt. *Foto: H. Schambach*

Der langsame Wandel weg von den Länderbahntypen und hin zu jenen der Einheitsbauart wird beim Bw Ehrang Ende 1928 mit der Zuteilung einiger Güterzugtenderloks der neuen Baureihe 86 (86 003 bis 006) eingeläutet. Eingesetzt wurden sie vornehmlich von der Einsatzstelle Wittlich aus, von wo sie die Nebenbahnen in Richtung Daun und Bernkastel-Kues bedienten. Mit einem Höchststand von sieben Maschinen blieb die Baureihe 86 beim Bw Ehrang kaum mehr als eine Randerscheinung, der Bestand wurde am 5. Oktober 1944 aufgelöst. Unter die Tenderloks der Baureihe 86 mischte sich als Einzelgängerin auch ein Exemplar der kleineren Schwester in Gestalt der 64 143. Sie ergänzte vom 1. Januar 1933 bis 26. Juni 1942 den Ehranger Bestand. Nach dem Zweiten

Bw Ehrang: Unweit des Wasserturms ergänzt 044 969 am 14. April 1973 ihren Wasservorrat. *Foto: M. Thielen*

Oben: 051 013 schiebt 1973 bei Hetzerath den Dg 6527 nach. *Foto: K. Schelenz*
Rechts: 50 2426 im Bw Cochem (1964). *Foto: R. Fell/Bildarchiv d. Eisenbahnstiftung*

Weltkrieg kamen ab Mai 1951 nochmals einige wenige 86er zurück, deren Zeit am 25. Januar 1957 mit dem Abgang der 86 533 definitiv zu Ende war. Erneut hatte man die 86er von Wittlich aus eingesetzt, sie waren aber vereinzelt auch vor Personenzügen auf der Moselstrecke anzutreffen.

Bevor auf der Moselstrecke die sehr leistungsfähigen 44er in Erscheinung traten, wurde als weitere Einheitsbauart zunächst die Baureihe 50 dem Bw Ehrang zugeteilt, beginnend im Dezember 1939 mit der 50 270. Bis Juli 1940 stieg die Zahl, überwiegend aus Neuanlieferung, auf 16 Exemplare. Der kriegsbedingten Bestandsschwankungen wegen vermochte sich die Baureihe 50 letztlich erst nach dem Krieg richtig zu etablieren. Ganz im Gegensatz zur Baureihe 44, deren Bestand bis zu 42 Loks (Ende 1971) umfasste, wurden die 50er beim Bw Ehrang immer nur in überschaubarer Stückzahl (im Schnitt um die 11 Loks) vorgehalten. Schon von daher spielten die Ehranger 50er auf der Moselstrecke keine nennenswerte Rolle, hier waren gemäß dem geforderten Leistungsprofil die 44er gefragt. Dennoch sollten die 50er die 44er in Ehrang immerhin um ein Jahr überdauern. Als am 13. Januar 1975 das Bw Ehrang dampffrei wurde, waren hier nur noch 50er beheimatet.

Die Jumbos kommen

In der Zeit zwischen Mai 1941 und Juli 1943 wurden dem Bw Ehrang nicht weniger als 43 fabrikneue 44er zugeteilt. Sie ersetzten im schweren Durchgangsgüterverkehr die deutlich unterlegenen Maschinen der Baureihe 58^{10}. Die Bestände der Baureihen 44 und 50 schwankten aufgrund permanenter kriegsbedingter Abgänge und Neuzuteilungen, erst mit Überwindung der Kriegsfolgen kehrte hier eine gewisse Konstanz ein. Und genau in dieser Zeit etablierte sich beim Bw Cochem ein kleiner 50er-Bestand, der am 28. Februar 1948 acht Maschinen umfasste, zugunsten der Baureihe 56^{20} allerdings bis Anfang 1949 bereits wieder aufgegeben wurde. Erst im Mai 1959 kehrte die Baureihe 50 mit zunächst drei Maschinen zurück und erreichte in den Jahren 1962/63 mit neun Maschinen in Cochem den Höchststand. Gewendet wurde in Wengerohr, Wittlich, Traben-Trarbach und in Koblenz. Hinzu kam der Schubdienst zwischen Bullay und Ürzig.

Am 30. Mai 1965 endete beim Bw Cochem die Dampflokunterhaltung, die noch vorhandenen 50er wurden geschlossen an das Bw Ehrang abgegeben. Nun als Außenstelle des Bw Ehrang fungierend, wurden von Cochem aus jedoch weiterhin 50er eingesetzt. Vor dem Hintergrund des nahen Endes der Dampflokunterhaltung hatte man wenige Wochen zuvor die letzte Cochemer G 10 (57 1200) abgestellt, die im Güterverkehr nach Traben-Trarbach eingesetzt wurde.

Zur Bewältigung des Personen- und Eilzugverkehrs machte das Bw Cochem schon recht früh mit der preußischen P 8, alias Baureihe 38^{10}, Bekanntschaft. Überliefert ist die Neuzuteilung der 38 3531 im Jahre 1921. Im Dezember 1936 weist der Bestand den betrieblichen Erfordernissen vor Ort entsprechend fünf Loks aus. Bei der Bewältigung des auf der Moselstrecke eher überschaubaren Schnellzugverkehrs zeigten hauptsächlich Trierer P 8 Präsenz. Im Dezember 1936 durfte das Bw Trier Hbf immerhin 19 P 8 sein Eigen nennen. In jenen Tagen verfügte das Bw Trier Hbf zudem über preußische P 10 (Baureihe 39), die zumindest während des Zweiten Weltkriegs

Schnellzugloks der Baureihe 03 waren nur wenige Jahre lang beim Bw Trier beheimatet: In Cochem beschleunigt 03 032 mit E 822 nach Trier (um 1964). *Foto: J. Carter/Bildarchiv der Eisenbahnstiftung*

Ende der Dampflokbeheimatung

Bw Cochem	30.05.1965
Bw Trier Hbf	28.09.1968
Bw Koblenz-Mosel	01.02.1974
Bw Ehrang	13.01.1975

Hatzenport: 094 712 aus Mayen mit Arbeitszug (1971). *Foto: W. Bügel (Bildarchiv der Eisenbahnstiftung)*

044 888 und 737 haben im Januar 1972 in Koblenz-Mosel einen Koksganzzug nach Lothringen übernommen und müssen sich nun kräftig anstrengen. *Foto: K. Reimelt/Bildarchiv der Eisenbahnstiftung*

Ein Triebwagen der Baureihe 634 und ein 614 befinden sich am 28. Juni 1973 bei Bullay auf der Fahrt nach Trier. *Foto: P. Schiffer/Bildarchiv der Eisenbahnstiftung*

Links: 044 482 mit Güterzug nach Koblenz bei Pünderich (Oktober 1971). *Foto: H. Faust*
Rechts: Kesselzerknall bei Klotten: Unglückslok 42 1893. *Foto: A. Dormann/Slg. Löckel*

Kesselzerknall bei Klotten

Der Überlieferung nach war der Oktober 1951 ein ausgesprochen sonniger Monat. So zeigte sich auch am 12. Oktober der Herbst von seiner schönsten Seite. Die vom Bw Koblenz-Mosel zu erbringende Leistung vor dem 118 Achsen zählenden und 1533 t schweren Koksganzzug Dg 6562 nach Frankreich war an sich ein Routineeinsatz. Die Fuhre galt es bis Ehrang zu bespannen. Und doch kam es anders. Die Fahrt des Dg 6562 sollte einen tragischen Verlauf nehmen.
Aus dem Rahmen des Alltäglichen fiel allenfalls die für diese Leistung herangezogene Kriegslokomotive 42 1893, gebaut im Jahr 1944 von der Wiener Lokomotivfabrik Floridsdorf. Beim Bw Koblenz-Mosel lediglich als Einzelstück geführt, war sie auf der Moselstrecke eine eher ungewohnte Erscheinung. Als nächstgelegene Dienststelle verfügte das Bw Bingerbrück für den linksrheinischen Güterverkehr über einen größeren Bestand an Lokomotiven dieser Baureihe. Bevor sie am 9. Mai 1951 zum Bw Koblenz-Mosel kam, war sie übrigens in Bingerbrück beheimatet.
Bis Cochem war es nicht mehr weit, als die 42 1893 von einem Kesselzerknall heimgesucht wurde und die Zugfahrt ein abruptes Ende nahm. Danach waren von der Maschine nicht mehr als das entgleiste Fahrwerk, ein Stück des Führerhauses sowie der gen Himmel ragende Wannentender übriggeblieben. Den Kessel hatte es vom Fahrwerk gehoben, er kam auf der unterhalb parallel zur Moselstrecke verlaufenden Bundesstraße zum Liegen, ebenso wie der überwiegende Teil des Führerhauses.
Der Lokführer überlebte das Unglück schwer verletzt, während der Heizer den Tod fand. Als Ursache für den Kesselzerknall wurde das Ausglühen der Feuerbüchsdecke aufgrund des zu niedrigen Wasserstands im Kessel festgestellt, die den hohen thermischen Belastungen nicht standhielt und aufriss. Der dabei schlagartig durch den Bodenring und die Feuertür austretende Dampf entwickelt derartige Kräfte, dass es den Kessel davonschleuderte. Die abrupte Fahrtunterbrechung führte dazu, dass sich durch die auflaufenden Wagen der Wannentender der Lokomotive aufstellte und einige Güterwagen ebenfalls auf die unterhalb gelegene Bundesstraße stürzten.
Ein etwaiges Verschulden des Lokführers (bzw. des verstorbenen Heizers) durch Nachlässigkeit ließ sich nicht feststellen. Auch gab es keinerlei Hinweise auf mögliche Materialfehler des Kessels. Allerdings wurde im Prüfungsbericht auf kleinere Ungereimtheiten bei den Wasserstandsanzeigern verwiesen: „Bei der wenige Stunden nach dem Zerknall durchgeführten Prüfung zeigten die Hähne des rechtsseitigen Wasserstandsanzeigers einwandfreien Durchgang, während der obere und untere Hahn des linksseitigen Wasserstandsanzeigers mit einem 3 mm starken Draht in Betriebsstellung nach Abnahme der Verschlussschraube nicht durchgestoßen werden konnte. Im oberen Hahnküken lag eine 15 mm starke Stahlkugel statt einer 12 mm starken Bronzekugel; das untere Hahnküken war anscheinend schon so weit nachgeschliffen, dass seine Bohrung in Betriebsstellung mit der des Gehäuses nicht mehr übereinstimmte und nur ein wesentlich kleinerer Durchgangsquerschnitt für das Wasser frei blieb."
Wie es letztlich zum Ausglühen der Feuerbüchsdecke kommen konnte, diese Frage wurde nicht abschließend beantwortet.

Mit einem aus Doppelstockwagen gebildeten Regionalzug rollt eine 143 am 7. September 2007 über den Viadukt in Winningen (Mosel). *Foto: U. Kandler*

Bw Ehrang: Im April 1984 war der Ringlokschuppen auf sechs Gleise zurückgebaut, die 290 328, 215 039 und 215 044 sind im Freien abgestellt. *Foto: G. Dollwet*

Bw Trier: Vor dem Rechtecklokschuppen stehen am 10. März 1991 die 215 110 vom Bw Köln-Deutzerfeld und die beiden Trierer 215 135 und 035. *Foto: M. Thielen*

Bw Ehrang: Sechs Elektrolokomotiven für den Güterzugdienst – 150 156 und fünf 140er – warten am 1. Februar 2003 auf den nächsten Einsatz. *Foto: M. Thielen*

Die 181 223 ist am 30. Juli 1995 bei Neef mit dem IR 2536 nach Saarbrücken unterwegs. *Foto: U. Kandler*

mit Personenzügen auf der Moselstrecke bis nach Koblenz gelangten. Später waren es 39er des Bw Koblenz-Mosel, die während ihrer sechs Jahre währenden Beheimatung in Koblenz (14. Mai 1949 bis 21. Mai 1954) vor Schnellzügen auch nach Trier gelangten. Am 1. Juli 1963 hatte man beim Bw Cochem die P 8-Unterhaltung zugunsten des Bw Trier Hbf aufgegeben.

Als weitere beim Bw Cochem schon vor den 1920er Jahren beheimatete Baureihen sind die preußischen T 9^3 (Baureihe 91^3) und T 14 (Baureihe 93^0) zu nennen. Haupteinsatzgebiet war die Stichbahn nach Traben-Trarbach. Im Verlauf des Zweiten Weltkriegs wurden die Loks aus Cochem abgezogen. Für Dezember 1946 wird die 93 675 ausgewiesen, die zunächst als Einzelstück geführt wurde. Im Sommer 1952 verfügte das Bw Cochem dann über sieben 93^5, deren Bestand allerdings bis zum 27. Juli 1954 abgebaut wurde. Stattdessen waren fortan sieben Maschinen der Baureihe 93^5 vorhanden. Am 31. Dezember 1956 sind es sogar zehn Maschinen, allerdings wurden lediglich drei im Plandienst eingesetzt. Unter anderem betätigten sie sich als Schiebeloks auf der Ürziger Rampe. Fortan entwickelt sich der Bestand rückläufig. Zu Beginn des Jahres 1960 verfügte Cochem lediglich noch über drei z-gestellte 93^5.

Für die an das Bw Saarbrücken abgegebenen Neubaudampflokomotiven der Baureihe 23, die ab Mai 1958 vom Bw Koblenz-Mosel gekommen waren, erhielt das Bw Trier Hbf ab Januar 1963 Ersatz in Form von Schnellzugdampflokomotiven der Baureihe 03. Als die wohl bemerkenswerteste Leistung gilt die Bespannung des „Westerländer" E 575 Trier – Westerland (Sylt). Beim Bw Trier Hbf blieben die 03 jedoch nicht mehr als eine Episode, hatte doch die Baureihe 01 bis zum Sommerfahrplan 1965 deren Beheimatung in Trier ein Ende gesetzt, beginnend mit den im Oktober 1964 zugewiesenen 01 061 und 062. Unter anderem bespannten Trierer 01 den „Westerländer".

Der Strukturwandel forderte seinen Tribut: Bis 13. Mai 1967 wurden die letzten Trierer 38er z-gestellt bzw. an andere Dienststellen weitergereicht. Mit der Abgabe der letzten 01 an das benachbarte Bw Ehrang endete am 28. September 1968 die Dampflokunterhaltung in Trier. Die jenseits der Mosel gelegene Dienststelle, die immer eine waschechte Hochburg für Güterzugdampfloks war, kam so unverhofft zu einem kleinen, fünf betriebsfähige Maschinen umfassenden Schnellzuglokbestand – jedoch nur für kurze Zeit. Im Februar 1969 war das 01-Kapitel zunächst beendet. Erst in einem zweiten Anlauf kehrten die 01er ab

Die Diesellokomotive V 200 116 gehört dem DB Museum. Am 13. April 1998 bespannte sie bei Burgen einen aus „Rheingold"-Wagen bestehenden Sonderzug. *Foto: M. Werth*

Als die schnellen Renner der Baureihe 103 im IC-Dienst nicht mehr benötigt wurden, waren sie mit IR-Zügen gelegentlich auf der Moselstrecke zu sehen (Cochem, August 2001). *Foto: M. Werth*

Die aus der Schweiz stammenden Leichtschnellzugloks Re 4/4 I Nr. 10019 und 10008 (Baujahr 1946) fahren am 1. Juni 2012 mit einem Sonderzug durch Pommern (Mosel). *Foto: M. Werth*

Die an allen Stationen haltenden RB-Züge werden seit Ende 2011 mit „Talent 2" gefahren (442 705 bei Pünderich, 29.10.2013). *Foto: A. Ritz*

Die Doppelstocktriebwagen des Stadler-Typs KISS der CFL verkehren zwischen Luxemburg und Koblenz (CFL-2303 in Koblenz Hbf, 27. Dezember 2015). *Foto: R. Kollig*

Oktober 1969 zurück (darunter nun auch 01 mit Neubaukessel) und erhielten einen zweitägigen Umlauf. Die 01er kamen ausschließlich auf der Moselstrecke zum Einsatz und nur mit Trierer Personalen. Trierer Lokmänner fuhren in jener Zeit auch auf Saarbrücker 23ern im Personenverkehr nach Cochem und Koblenz. Am 16. Juli 1972 ging die kurze 01-Ära beim Bw Ehrang ein für alle Mal zu Ende.

Grund für den im Vergleich zu den anderen Bahnbetriebswerken der Moselregion zeitigen Dampfausstieg beim Bw Trier Hbf war, dass die Dienststelle vorrangig zum zentralen Stützpunkt für Dieseltriebfahrzeuge ausgebaut werden sollte. Den Anfang machten die Uerdinger Schienenbusse der Baureihen VT 95 und VT 98 in den 1950er Jahren. Einsatzgebiet waren die Nebenbahnen der BD Trier. Im Bereich der Moselstrecke waren dies die Nebenbahnen von Wengerohr nach Bernkastel-Kues und nach Wittlich – Daun sowie die Verbindung Bullay – Traben-Trarbach. Im Dezember 1961 folgten die ersten V 100[10], 1965 die neuen Dieseltriebzüge der Baureihe VT 24.6 (Baureihen 624 bzw. 634) und 1966 die V 160 (Baureihe 216). Nicht zu vergessen die in Trier beheimateten Rangierlokomotiven der Baureihe V 60 nebst diversen Kleinloks der Leistungsgruppen II und III. Im April 1968 kamen die schweren Rangierlokomotiven der Baureihe 290 hinzu und 1971 die Prototypen der neuen Dieseltriebwagen der Baureihe 614 mit gleisbogenabhängiger Wagenkastensteuerung, die zwecks Erprobung auf der Mosel- und der Eifelstrecke zeitweise den Bestand des Bw Trier ergänzten.

Die neuen Dieseltriebfahrzeuge kamen zwar durchweg auch auf der Moselstrecke zum Einsatz, verloren sich aber geradezu in der ungeheuren Dampfzugdichte. Folglich kam die Dieseltraktion bis zur Aufnahme des elektrischen Zugbetriebs über den Status einer bloßen Randerscheinung nicht hinaus.

Seit der Einstellung der letzten IC-Züge im Dezember 2014 wird der Reisezugverkehr auf der Moselstrecke ausschließlich mit Elektrotriebzügen durchgeführt. Stadler-Triebwagen des Typs „Flirt 3“ von DB Regio Südwest (DB-Baureihe 429.1) nahmen im Dezember 2014 den RE-Dienst zwischen Trier und Koblenz auf, der zuvor überwiegend mit Elektroloks der Baureihe 143 und Doppelstockwagen bestritten wurde. Für die Wartung der 28 Exemplare der Baureihe 429.1 wurde in Trier eigens eine neue Halle errichtet. Wenige Monate später, im Frühjahr 2015, startete das Flügelzugkonzept für stündliche umsteigefreie RE-Verbindungen zwischen Koblenz und Luxemburg. Die von Stadler gefertigten Doppelstocktriebwagen des Typs KISS (mit Zweisystemausrüstung) der Luxemburgischen Staatsbahn CFL verkehren seither zwischen Trier und Koblenz in Doppeltraktion vereint mit den „Flirt 3“ von DB Regio Südwest. Zum 1. Januar 2017 fusionierte DB Regio Südwest übrigens mit DB Regio Hessen zu DB Regio Mitte.

Die im RB-Dienst eingesetzten Triebzüge des Bombardier-Typs „Talent 2“ von DB Regio Südwest traten im Dezember 2011 die Nachfolge von DB-Triebwagen der Baureihen 425 und 426 sowie lokbespannten Wendezügen, meist mit Baureihe 143 bespannt, an. Die fünf Zweiteiler (Baureihe 442.0) und acht Vierteiler (Baureihe 442.2) sind in Trier beheimatet und werden dort auch gewartet. ❑

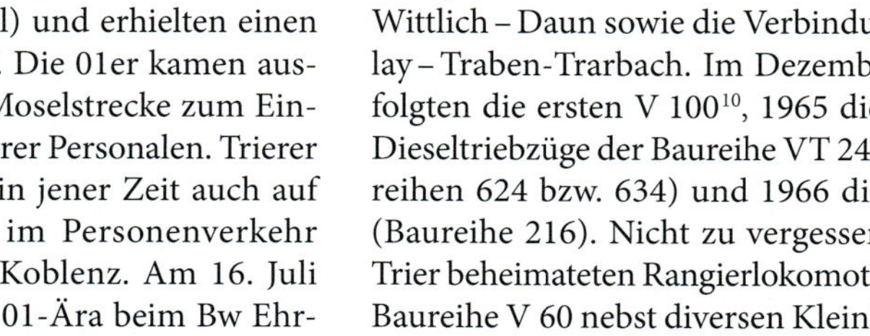

Kattenes: Der 429 114 von DB Regio Südwest und ein CFL-Doppelstocktriebwagen des Typs KISS fahren zusammengekuppelt von Koblenz nach Trier (26. Juni 2016). *Foto: U. Kandler*

Sensationelle Bilderreise durch den Harz

Die Harzer Schmalspurbahnen (HSB) bieten heute die weltweit bedeutendste Konzentration alltäglichen Dampfbetriebs. Rund um den Brocken liegen lebendige Eisenbahngeschichte, Hexenmythen, Kulturschätze und viel Natur dicht beieinander. Mit großem technischen Aufwand realisierte Olaf Haensch in mehrjähriger Arbeit fantastische Fotografien, die so bisher noch nicht zu sehen waren, darunter eine Vielzahl atemberaubender Aufnahmen aus der Vogelperspektive sowie surreal anmutende Szenen in der Dunkelheit der Nacht.
Der reichhaltig ausgestattete Premium-Bildband vereint emotionale Bilder und Texte zu einem opulenten Portrait der HSB.

178 Seiten, Format 28,0 x 29,5 cm, Hardcover-Einband mit Schutzumschlag, ca. 150 Farbfotos, Panorama-Ausklapper, Streckenkarte, technische Illustrationen
Bestellnr. 581628 € 39,95

VGB [VERLAGSGRUPPE BAHN]

Erhältlich im Fach- und Zeitschriftenhandel oder direkt:
VGB-Bestellservice, Am Fohlenhof 9a, 82256 Fürstenfeldbruck
Tel. 08141/534810 oder per Fax 08141/53481100 oder E-Mail bestellung@vgbahn.de

facebook.com/zugindiewolken

So funktioniert eine Dampflok

NEU

Dieser dicke Sammelband, der aus den beliebten Sonderausgaben des Eisenbahn-Journals entstanden ist, beantwortet erschöpfend alle Fragen zur Technik einer Dampflok. Er beschreibt den Kessel mit seiner Grob- und Feinausrüstung, die Dampfmaschine mit Zylinder, Triebwerk und Steuerung, das Fahrgestell und Laufwerk und auch die sonstige Ausrüstung wie etwa Bremsen, Bedienelemente im Führerhaus oder Schmiervorrichtungen. Tendern ist ein eigenes Kapitel gewidmet. Breiten Raum nimmt die Darstellung von Dampflok-Sonderbauarten ein: Zahnradlokomotiven, Kondenslokomotiven, Franco-Crosti-Lokomotiven, Turbinenlokomotiven, Dampfspeicherloks und Gelenklokomotiven. Detaillierte Zeichnungen und farbige Illustrationen zeigen nahezu alle Dampflok-Bauteile und veranschaulichen ihre Funktion. Für Dampflokfans, vorbildorientierte Modellbahner und Technikinteressierte ist dieser Sammelband ein unverzichtbares Nachschlagewerk.

- **336 Seiten im DIN-A4-Format, Softcovereinband**
- **Über 650 Farb- und historische Schwarzweißfotos**
- **Zahlreiche 3D-Illustrationen und technische Zeichnungen sowie drei 8-seitige Ausklappbögen**

Best.-Nr. 581633 € 29,95

www.facebook.de/vgbahn

VGB [VERLAGSGRUPPE BAHN]

Erhältlich beim Fach- und Zeitschriftenhandel oder direkt beim
VGB-Bestellservice, Am Fohlenhof 9a, 82256 Fürstenfeldbruck
Tel. 0 81 41 / 5 34 81-0, Fax 0 81 41 / 5 34 81-100, www.vgbahn.de

181 224 verlässt am 14. September 1990 bei Ediger-Eller die 4,2 km lange Röhre des Kaiser-Wilhelm-Tunnels. Ein überlebensgroßer Adler ziert das Portal.
Fotos: U. Kandler (2)

DEM KAISER
ZUR EHR

Der 4205 m lange doppelgleisige Kaiser-Wilhelm-Tunnel verbindet Cochem mit Eller auf direktem Weg und kürzt so eine große Moselschleife ab. Im April 2014 wurde ein neuer parallel verlaufender eingleisiger Tunnel in Betrieb genommen. Nach der umfassenden Sanierung des alten Bauwerks stehen zukünftig zwei Röhren zur Verfügung

Bis vor einem Vierteljahrhundert war der Kaiser-Wilhelm-Tunnel mit 4205 m der längste doppelgleisige Regelspurtunnel Deutschlands. Mittlerweile wurde er von zahlreichen Neubauprojekten überflügelt und auf die hinteren Ränge verwiesen.

Der Nimbus um das historische Bauwerk des Kaiser-Wilhelm-Tunnels erschließt sich beim Blick zurück, als es im vorletzten Jahrhundert den preußischen Militärs darauf ankam, mit der Moselstrecke als Teilstück der „Kanonenbahn" Berlin – Metz eine leistungsfähige Verbindung zu verwirklichen – koste es, was es wolle. Dabei wurde ein sich den preußischen Eisenbahningenieuren zwischen Cochem und Eller in den Weg stellender, 383 m hoher Bergsporn, der sogenannte Cochemer Krampen, geradewegs durchstoßen. Durch den Kaiser-Wilhelm-Tunnel wird die zwischen Cochem und Eller um den Cochemer Krampen verlaufende, rund 22 km lange Moselschleife deutlich abgekürzt. Der direkte Weg der Eisenbahn misst zwischen dem Cochemer Nordportal und dem Brückenkopf des Moselübergangs bei Eller lediglich 5393 m.

Ein Jahr nach der am 11. Mai 1873 an die Preußischen Staatsbahnen erteilten Bau- und Betriebskonzession für die Strecke Koblenz – Ehrang – Sierck(– Diedenhofen) folgte am 15. Mai 1874 nahe Eller der Tunnelanstich. Die Bauzeit war auf drei bis vier Jahre veranschlagt worden. Am 11. August 1874 nahm man den Vortrieb von der Nordseite bei Cochem aus in Angriff. Zusätzlich wurden unweit des nördlichen Tunnelmunds zwei Hilfsschächte abgeteuft und ein dritter in der Südhälfte.

Der Tunnelvortrieb erfolgte nach der „Alten Österreichischen Bauweise" mit Sohl- und Firststollen: Zunächst wurde der Sohlstollen ausgebrochen, etwas später, im Abstand von rund 200 m, dann der Firststollen. Nach dem Aufschlitzen bis zum First erfolgte der Vollausbruch und als letzter Arbeitsschritt die Ausmauerung des Gewölbes.

Der Tunnelausbruch wurde mit Feldbahnen abgefahren und in der näheren Umgebung des Kaiser-Wilhelm-Tunnels verfüllt. Auf jeder Tunnelseite gelangten zunächst eine, später jeweils zwei Tenderlokomotiven zum Einsatz. Insgesamt waren 142 Tunnelförderwagen vorhanden, mit denen nicht nur der Tunnelausbruch beseitigt, sondern auch die Baustoffe herbeigeschafft wurden. Um die Luftverhältnisse im Tunnel möglichst wenig zu belasten, wurden die Lokomotiven mit Koks gefeuert. Bei Tunnelfahrten kam es auf eine gute Feuerführung mit hohem Kesseldruck der Lokomotiven an, um das Befeuern der Loks innerhalb des Tunnels weitgehend zu vermeiden. Seinerzeit allemal die praktikabelste Vermeidung von Rauchgasbelästigungen beim Tunnelbau.

Im ersten Jahr wurden die Stollen noch ausschließlich im Handvortrieb ausgebrochen. Erst ab 15. Mai 1875 kamen auf der Südseite und ab 10. August desselben Jahres auch auf der Nordseite druckluftbetriebene Schlagbohrmaschinen des Typs Ferroux zum Einsatz. Von anfänglich 60 m konnte der Tunnelvortrieb von beiden Seiten aus auf monatlich nun bis zu 105 m gesteigert werden.

Am 4. Mai 1877 erfolgte der Tunneldurchschlag, der Schlussstein wurde am 22. Dezember desselben Jahres in das Tunnelgewölbe gesetzt. Der Tunnel war damit fertiggestellt, es fehlte lediglich noch das Gleis. Für die Gewölbeausmauerung verwendete man überwiegend in der Umgebung gebrochene Grauwacke oder Schieferstein und teilweise an der Obermosel gewonnenen Kalksandstein. Noch auf einem provisorischem Gleis durchquerte am Neujahrstag 1878 erstmals ein Personenzug den Tunnel.

Der von Nordnordost nach Südsüdwest verlaufende Tunnel steigt von Cochem aus auf 2572 m Länge mit 5 ‰ an, gefolgt von einem 1300 m langen horizontalen Abschnitt. Die zum Tunnelausgang fehlenden 333 m weisen eine Steigung von 3,33 ‰ auf. Die Höhendifferenz zwischen den Tunnelportalen beträgt 14 m. Im Tunnel wurden von Cochem aus gesehen auf der linken Seite 210 und auf der rechten 203 Schutznischen angeordnet, die Abstände betragen 15 bis 20 m. Zusätzlich wurden neun 3 x 3 m große, von der Tunnelröhre durch Türen abgetrennte Mannschaftsnischen mit Fernsprechanschluss und Propangasbeleuchtung eingerichtet, in denen auch Utensilien für den Notfall lagerten.

Durchschlagsfeier 1877: Deckblatt der Menukarte.

Die Baukosten des Kaiser-Wilhelm-Tunnels beliefen sich auf 8,825 Millionen Mark. Benannt wurde der damals längste deutsche Eisenbahntunnel nach Kaiser Wilhelm I., dem ersten Kaiser des neu gegründeten Deutschen Reiches, der von 1871 bis 1888 regierte. Preußisch korrekt wurde die Tunnelbenennung von seiner Majestät am 30. Mai 1877 ganz formell genehmigt.

Was die Planer des Kaiser-Wilhelm-Tunnels aufgrund fehlender einschlägiger Erfahrungen nicht richtig einschätzten, war die durch den Dampflokbetrieb auftretende Problematik mit den Rauchgasen. Durch den steten Anstieg des Verkehrsaufkommens wurde die Verrauchung der langen Tunnelröhre mehr und mehr zum Problem. Ein zeitgenössisches Zitat belegt dies nur zu deutlich: „Ununterbrochen rollte auf der Moselbahn Zug auf Zug in beiden Richtungen; 1914 fuhren täglich etwa 40 Kokszüge moselaufwärts und fast ebenso viele Erzzüge moselabwärts. Dazu kamen noch einige dem sonstigen Nah- und Ferngüterverkehr sowie die dem Personenverkehr dienenden Züge; insgesamt war die Moselstrecke damals mit 58 Zugpaaren belastet und es ließ sich schon der Zeitpunkt voraussehen, an dem diese Bahnlinie an der Grenze ihrer Leistungsfähigkeit angelangt sein würde."

Ohne Hilfsmaßnahmen wäre eine derart hohe Zugdichte durch den Kaiser-Wilhelm-Tunnel ohnehin nicht möglich gewesen. Daher veranlassten die Preußischen Staatseisen-

Rauchpfropfen trotz Entlüftungsanlage

bahnen gleich nach der Jahrhundertwende den Bau einer Saccardo-Entlüftungsanlage in Cochem. Die nach dem italienischen Konstrukteur benannte Anlage ging 1904 in Betrieb. Durch einen ringförmig um den Tunnelmund gelegten Düsenkopf wurde mit zwei großen Ventilatoren Frischluft ins Innere der Tunnelröhre geblasen. Die Anlage erwies sich allerdings als nur bedingt tauglich. Infolge des oft vorherrschenden starken Südwestwinds musste die Anlage gegen den natürlichen Luftstrom arbeiten

Ansicht von Cochem aus dem Jahr 1879 mit der anfangs eingleisigen Moselstrecke Koblenz–Trier, die am rechten Bildrand in den Kaiser-Wilhelm-Tunnel hineinführt.

und förderte so im Innern des Tunnels die Bildung von Rauchpfropfen. Von daher wäre die Installation am Südportal in Eller zweckmäßiger gewesen. Dagegen sprach aber die in Cochem bis an das Tunnelportal reichende städtische Bebauung. Wegen der vorhersehbaren starken Rauchbelästigung der Anwohner kam eine solche Lösung nicht in Betracht.

Trotz der Entlüftungsanlage kam es weiterhin zur Bildung der Rauchpfropfen. Um dies ein für alle Mal zu vermeiden, teufte man 1135 m vom Ellerer Portal entfernt in den Jahren 1914/15 vom Bergrücken aus einen 230 m tiefen Entlüftungsschacht mit einem Durchmesser von 4 m ab, durch den die Rauchgase nach oben abziehen sollten. Auch jetzt blieb das erzielte Ergebnis unbefriedigend. Also sah man sich veranlasst, 1917 auf dem Berg neben dem Schachtkopf zusätzlich eine Ventilatoranlage zum Absaugen der Rauchgase in Betrieb zu nehmen. Zusammen mit der Saccardo-Entlüftungsanlage stellte sich nun zwar eine Besserung der Rauchgas-

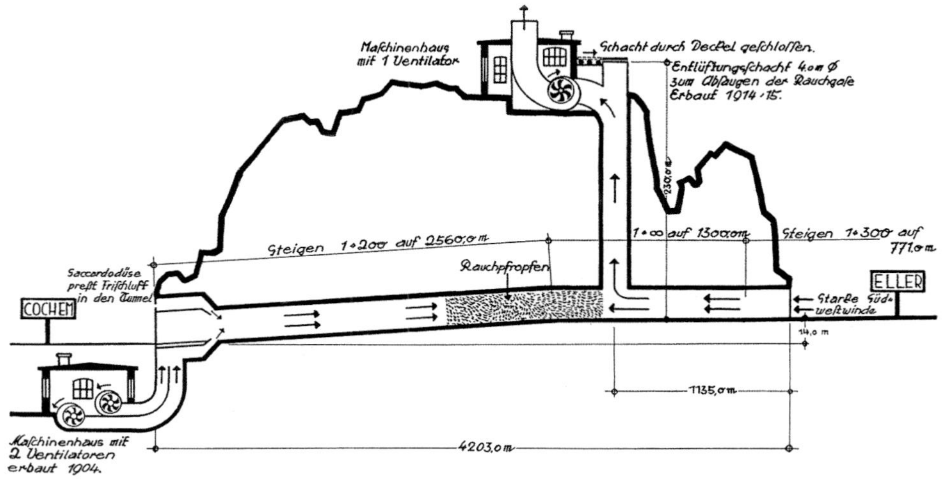

Der Entlüftungsschacht und die Ventilatoren sollten dem gefürchteten Rauchpfropfen entgegenwirken.

Der Tunnelausbruch wurde mit Feldbahnen abgefahren. Erinnerungsfoto aus dem Jahr 1877. *Abb.: Slg. Kandler (4)*

Die 56 2127 (preuß. G 8²) verlässt im August 1930 mit einem Güterzug nach Koblenz den Tunnel in Cochem. *Foto: C. Bellingrodt/Bildarchiv der Eisenbahnstiftung*

Das Portal in Cochem mit dem Maschinenhaus der Tunnelbelüftungsanlage (Mai 1982). *Foto: J. Bügel/Bildarchiv der Eisenbahnstiftung*

belastung ein, doch auch diese Kombination konnte die Bildung der Rauchpfropfen nicht verhindern – nun setzten sie sich aufgrund der veränderten Druckverhältnisse nördlich des Entlüftungsschachts fest.

Ein weiteres Problem war die permanent in den Tunnel eindringende Feuchtigkeit, die im Laufe der Jahre immer wieder kostspielige Entwässerungs-, Trockenlegungs- und

Probleme mit der Feuchtigkeit

Abdichtungsarbeiten erforderte. In Verbindung mit den Rauchgasen entstand ein Gemenge, das sich nicht nur aggressiv auf das Tunnelgewölbe, sondern auch nachteilig auf die Gleise auswirkte.

Aufgrund der widrigen Umstände im Tunnelinnern beschränkte sich die Instandhaltung der Gleise lange Zeit nur auf das Allernotwendigste, den Wechsel von Schwellen und Schienen. Das Gleisbett blieb weitgehend unangetastet, verschlammte und verdichtete sich zusehends. Im mittleren Drittel des Tunnels mussten die Gleise alle vier und in den anderen Bereichen alle fünf Jahre erneuert werden. Aufgrund der verfestigten Gleisbettung kam es immer wieder zu Schienenbrüchen. Um im Tunnel einen sicheren und reibungslosen Betrieb zu gewährleisten, standen die Tunnelgleise unter permanenter Beobachtung durch Streckengeher. Als sich die Schienenbrüche häuften, konnte eine grundlegende Erneuerung des Oberbaus nicht weiter hinausgezögert werden.

Wegen der Rauchgase wurden die Gleisbauarbeiten nur während der verkehrsschwachen Nachtstunden unter Vollsperrung des Tunnels für jeglichen Zugverkehr durchgeführt. In zwei Sperrpausen standen jeweils zwei Stunden und 22 Minuten zur Verfügung. In dieser Zeit wurden nach einem eigens entwickelten Plan mit strikten Zeitvorgaben der einzelnen Arbeitsschritte unter Verwendung von 30 m langen Gleisjochen 90 Meter Gleis ausgewechselt.

1937/38 fanden umfangreiche Sanierungsarbeiten statt. *Fotos: RVM/Slg. Gerhard (2)*

Dabei tauschte man auch die Bettung bis zum Tunnelplanum komplett aus. Ein Procedere, das sich jede Nacht wiederholte. Ausgeführt wurden die Arbeiten von Januar bis März 1931 und in den ersten drei Monaten des darauffolgenden Jahres. Die Wintermonate waren für die Tunnelarbeiten besonders günstig, weil während dieser Zeit hauptsächlich Nordostwind vorherrschte, der von Cochem her wehte und die Bildung der lästigen Rauchpfropfen verhinderte – so war auch das mittlere Drittel des Tunnels nach spätestens 12 Minuten rauchfrei. Bei starkem Südwestwind dauerte der Abzug der Rauchgase aus der Tunnelmitte dagegen bis zu einer Dreiviertelstunde, was zu erheblichen Einschränkungen der Möglichkeiten während der Sperrpausen geführt hätte. Um Verzögerungen durch die Rauchgase zu vermeiden, brachte man am Ellerer Portal zusätzlich einen Vorhang aus Segeltuch an. Bei geschlossenem Vorhang war man nun in der Lage, zu Beginn der Sperrpausen mit den Ventilatoren auch unter ungünstigen Verhältnissen das mittlere Drittel des Tunnels in rund 12 Minuten von den Rauchgasen zu befreien.

Kaum waren die Gleiserneuerungsarbeiten abgeschlossen, beauftragte die RBD

1937/38 wurden in Cochem strahlenförmig um das Portal zehn Einzellüfter zur Entrauchung des Tunnels eingesetzt (Juli 1981). *Foto: Bildarchiv der Eisenbahnstiftung*

Akkutriebwagen mit Scheinwerfer für Unterhaltsarbeiten (um 1931).

Trier in einem nächsten Schritt das Institut für Technische Strömungsforschungen der Technischen Hochschule Berlin unter Leitung von Prof. Dr.-Ing. Hermann Föttinger mit Modellversuchen für eine neue Entlüftungsanlage. Aufgrund der wenig rosigen wirtschaftlichen Situation bei der Reichsbahn konnte eine moderne Entlüftungsanlage aber erst in den Jahren ab 1936 realisiert werden. Nach dem Vorschlag Föttingers entstand eine bedeutend leistungsfähigere Entlüftungsanlage. Hinter dem frei stehenden Nordportal wurde eine Stahlbetonkonstruktion mit zehn strahlenförmig um den Tunnelmund angeordneten Luftschrauben installiert. Jeder Lüfter bestand aus einem langsam laufenden Elektromotor mit aufgesetzter vierflügeliger Luftschraube mit einem Durchmesser von

Von oben nach unten: Zwei V 90 schieben 1973 in Cochem einen Güterzug nach – Köf III mit Arbeitszug in Ediger-Eller (1972) – 216 175 als Dieselvorspann während der Elektrifizierungsarbeiten (1973) – 044 136 passiert in Ediger-Eller den Akkutriebwagen 713 003. *Fotos: K. Schelenz (4)*

1700 mm (System Siemens-Bentz). Waren alle zehn Luftschrauben im Betrieb, konnten bis zu 390 m³ Frischluft pro Sekunde in den Tunnel geblasen werden. Bei einer maximalen Windgeschwindigkeit von 8 m pro Sekunde ließ sich so die Tunnelröhre auf gesamter Länge in nur rund neun Minuten durchblasen. Die Lüfter konnten in beliebiger Reihung betrieben werden. Bei normalem Zugbetrieb reichte der Einsatz von vier Lüftern aus. Die Wirkung der Anlage war derart stark, dass der Schotter im Bereich des Tunnelmundes verklebt werden musste, um nicht aufgewirbelt zu werden. Selbst mit der unter wissenschaftlichen Gesichtspunkten entwickelten Anlage ließ sich das Problem der Verrauchung jedoch nie vollständig beheben – erst die Elektrifizierung der Moselstrecke schuf endgültig Abhilfe. Die Inbetriebnahme der neuen Entlüftungsanlage machte die Absauganlage auf dem Bergrücken überflüssig, sie wurde 1938 stillgelegt.

Für die gesundheitlichen und sicherheitstechnischen Belange der Bahnmitarbeiter gab es in Cochem diverse spezielle Einrichtungen. Unter dem Dach des Tunnelbetriebsgebäudes befanden sich unter anderem ein Bahnarztzimmer sowie ein Lungenlüftungsraum. Damit wurde der hohen Belastung der Arbeiter im Kaiser-Wilhelm-Tunnel Genüge getan. Ebenso hielt man in Cochem mehrere Spezialfahrzeuge für die Tunnelunterhaltung vor: einen Triebwagen mit Beiwagen, auch „Tunnelzwerg“ genannt, einen Beleuchtungs- und Batteriewagen sowie eine Akkulok, die für Inspektionsfahrten und bei Reparaturarbeiten zum Einsatz kam und für die Bespannung des Rettungszuges vorgesehen war.

Das nächste große Kapitel in der Chronik des Kaiser-Wilhelm-Tunnels war die im Sommer 1972 beginnende Elektrifizierung. Bei dieser Gelegenheit wurde das arg strapazierte Bauwerk von Grund auf saniert. Während der Bauarbeiten galt es den Tunnel von allen Rauchgasen freizuhalten. Ab 12. Juni 1972 durften daher Dampflokomotiven den Tunnel nur noch mit geschlossenem Regler durchfahren. Für die Bergfahrt von Cochem in Richtung Trier wurden in Cochem zwei V 90 zum Nachschieben der Züge vorgehalten. Um die Abgasbelastung möglichst gering zu halten, die ja auch von den Diesellokomotiven ausging, wurden während der Bauarbeiten Güterzüge mit dem Ziel Luxemburg und Frankreich über die Eifelstrecke umgeleitet. Güterzüge, deren Ziel das Saarland war, wurden großräumig über Kaiserslautern und fallweise via Bingerbrück über die linke Rheinstrecke und die Nahebahn gefahren. Für die verbleibenden Züge, überwiegend Reisezüge, stand während der Bauarbeiten nur ein Tunnelgleis zur Verfügung.

Nach Entfernen der zentimeterdicken Rußschicht von der Tunnelwand und dem anschließenden Sandstrahlen des Gewölbes

Zwei Tunnelwärter am Südportal des Tunnels (Mai 1984). Das Bahnbewachungs-Dienstbuch musste gewissenhaft geführt werden. *Fotos: J. Seyferth (2)*

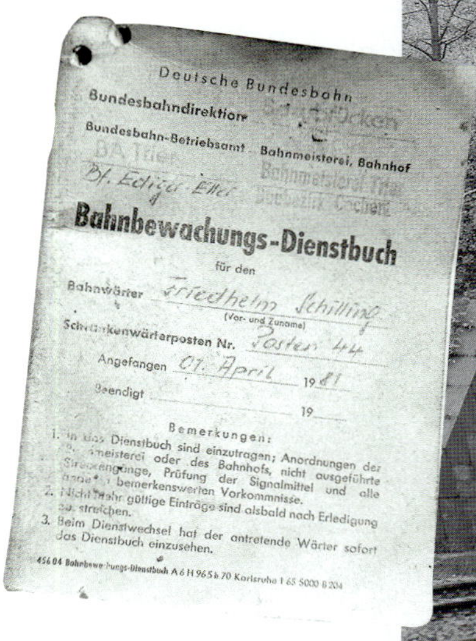

38 1596 mit D 24 nach Luxemburg am Südportal bei Ediger-Eller (1953).
Foto: C. Bellingrodt/ Slg. Schwarz

Hintergrundbild: J. Seyferth

Der Ausbruch aus dem neuen Kaiser-Wilhelm-Tunnel wurde per Bahn in den Westerwald transportiert: 2016 908 mit Leerzug bei Kattenes (September 2011). *Foto: G. Heck*

Die 90 m lange und 1710 t schwere Tunnelvortriebsmaschine in Ediger-Eller. *Fotos: G. Walter (2)*

Im Mai 2010 begann von Ediger-Eller aus der Vortrieb (5. April 2010).

wurden die bislang nicht sichtbaren Schäden ausgebessert und das gesamte Gewölbe mit Spritzbeton verkleidet. Stark Wasser führende Tunnelabschnitte legte man durch zusätzliche Dränagen trocken. Um Platz für den Fahrdraht zu schaffen, mussten die Gleise 60 cm tiefer gelegt werden. Zunächst wurde das Richtungsgleis Koblenz – Trier bis 19. November 1973 fertiggestellt, im Anschluss daran arbeitete man bis zum 10. August 1974 am Gegengleis. Die offizielle Aufnahme des elektrischen Zugbetriebs auf der Moselstrecke war am 7. Dezember 1973.

Als herabstürzende Ziegelsteine bzw. ganze Mauerteile des Lüftungsschachtes den Zugbetrieb zu gefährden drohten, wurde dieser 1989 kurzerhand mit dem Abbruchmaterial des ehemaligen Maschinenhauses verfüllt. Mitte der 1980er Jahre entfernte man vier der zehn Lüfter am Nordportal. Die übrigen sechs Lüfter blieben weiterhin betriebsbereit und ließen sich einzeln oder zusammen schalten, um bei einem Brand im Tunnel den Rettungskräften die Arbeit zu erleichtern. Bei Ausfall des Bahnstroms gewährleistete ein stationäres Notstromaggregat den Weiterbetrieb der Anlage. Im Zuge der Fertigstellung des Neuen Kaiser-Wilhelm-Tunnels wurde die Anlage am 7. April 2014 außer Betrieb gesetzt und alsbald abgebrochen.

Bereits im Vorfeld der Realisierung einer zweiten Röhre mussten aufgrund von neuen Sicherheitsrichtlinien des Eisenbahn-Bundesamtes (EBA) alle Tunnelbauwerke mit einer Länge von mehr als 1000 m entsprechend nachgerüstet werden. Für den Kaiser-Wilhelm-Tunnel galt es ab 2000 folgende Sofortmaßnahmen umzusetzen:

- Bau von Rettungsplätzen und Zufahrten
- Herstellung von Löschwasserleitungen mit entsprechender Löschwasserversorgung
- Verlegen einer festen Stromversorgung innerhalb des Tunnels zur Energieentnahme
- Verbesserung der Kommunikationsverbindung (BOS-Funk) durch Verlegung eines Schlitzkabels
- Einbau von Notbeleuchtung und Fluchtwegkennzeichnung
- Installation von Oberleitungsspannungs-Prüfeinrichtungen (OLSP)
- Vorhaltung von Transporthilfen (Rollwagen)

Ferner entwickelten die DB Netz AG, die Iveco Magirus Brandschutztechnik GmbH sowie die Landesfeuerwehr- und Katastrophenschutzschule Rheinland-Pfalz ein Hilfeleistungslöschfahrzeug. Dabei handelt es sich um ein Zweiwegefahrzeug, das der Brandbekämpfung im Tunnel sowie der technischen Unfallhilfe auf der Schiene dient, aber genauso wie jedes herkömmliche Löschfahrzeug für den örtlichen Brandschutz einsetzbar ist. Jeweils eines dieser rund 450 000 Euro teuren Fahrzeuge hat die Deutsche Bahn der Freiwilligen Feuerwehr der Stadt Cochem und der Freiwilligen Feuerwehr Ediger-Eller kostenlos zur Verfügung gestellt, begleitet durch eine Spezialausbildung der Feuerwehrleute für Tunnelrettung und Brandbekämpfung im Tunnel. Entsprechend den Fahrdienstvorschriften der Deutschen Bahn wurde in Zusammenarbeit mit den zuständigen Brandschutzdienststellen und den örtlichen Vertretern des Notfallmanagements der DB Netz AG für jedes Fahrzeug ein auf den jeweiligen Standort abgestimmtes Einsatzkonzept erarbeitet.

Die getroffenen Sicherheitsmaßnahmen stellten jedoch nur eine Übergangslösung dar. Man entschied sich, östlich des bestehenden Bauwerks einen separaten, den Neuen Kaiser-Wilhelm-Tunnel für das Richtungsgleis Koblenz zu bauen und im Anschluss den Alten Kaiser-Wilhelm-Tunnel auf ein Gleis (das Richtungsgleis Trier) zurückzubauen. Nachdem die raumordnerische Abstimmung abgeschlossen und die Unterlagen zur Genehmigung beim EBA eingereicht waren, folgte am 30. Juni 2006 der Planfeststellungsbeschluss, der im Januar 2007 schließlich Rechtskraft erlangte. Aufgrund anhängiger Rechtsstreitigkeiten konnten die Bauarbeiten erst ab Mitte 2008 aufgenommen werden. Der Vortrieb des Neuen Kaiser-Wilhelm-Tunnels wurde vom Südportal aus in Richtung Cochem mittels einer 1710 t schweren Tunnelvortriebsmaschine (Länge 90 m, Durchmesser 10 m) vorgenommen. Der Innenausbau erfolgte in der Tübbingbauweise mit Betonfertigteilen. Nach 555 Tagen (Beginn des Vortriebs war im Mai 2010) und

Dienstfahrzeug Klv 40-8018 von 1953 mit Beschriftung „Tunnelzwerg" (1973). *Foto: K. Schelenz*

Löschwassertender und Flachwagen für Feuerwehrfahrzeuge (Ediger-Eller, 1983). *Foto: J. Seyferth*

Tag des offenen Tunnels am 23. Juli 2016: Das alte Bauwerk durfte durchwandert werden. *Fotos: U. Kandler (2)*

Lüfterrad: in Betrieb bis 2014. *Foto: R. Kollig*

Das alte Portal in Ediger-Eller (23. Juli 2016).

einer Schildfahrt von 4,2 km vollzog die Tunnelvortriebsmaschine am 7. November 2011 in Cochem den Durchschlag. Parallel dazu hatte man am Cochemer Portal mit der für die zweite Tunnelröhre erforderlichen Brückenbaumaßnahme über die Brückenstraße begonnen. Der Neubau besteht aus drei 10,40 m breiten Feldern mit einer lichten Weite von je 10,80 m. In Ediger-Eller galt es eine weitere Eisenbahnüberführung über den Ellerbach zu erstellen.

Beide Röhren sind über acht Rettungsstollen miteinander verbunden und mit einer von Straßenfahrzeugen befahrbaren Festen Fahrbahn ausgestattet. So können bei einem Störfall zum einen die Reisenden über die Rettungsstollen in die nicht unmittelbar betroffene zweite Röhre gelangen und zum anderen die Rettungskräfte mit ihren Einsatzfahrzeugen an den Unfallort vorrücken. Auch wurden umfangreiche Schall- und Erschütterungsschutzmaßnahmen durchgeführt. Unter der Cochemer Oberstadt werden in der neuen Tunnelröhre auf 440 m Länge die Vibrationen der Züge durch ein schweres Masse-Feder-System unter dem Gleis abgefangen. Ferner kommt das „Besonders überwachte Gleis" (BüG) zur Ausführung, bei dem die Schienen einer regelmäßigen Kontrolle unterzogen und bei zu hohem Schallpegel die Schienenköpfe glattgeschliffen werden. Dadurch konnte auf allzu hohe, das Cochemer Stadtbild beeinträchtigende Schallschutzwände verzichtet werden. Die beim Bau angefallenen 900 000 t Ausbruch wurden von Ediger-Eller ausschließlich mit der Bahn in den Westerwald nahe Siershahn gefahren und dort zwecks Renaturierung einer Tongrube verfüllt. Ebenso verwendete man für den Transport der Betonfertigteile (Tübbinge) zur Baustelle ausschließlich die Bahn.

Am 5./6. April 2014 war es so weit, der Zugbetrieb wurde von der alten auf die neue eingleisige Tunnelröhre umgestellt. Bis zum Abschluss der Sanierungsarbeiten am alten Bauwerk steht nur ein Gleis für beide Richtungen zur Verfügung. In einer zweiten Bauphase wird seit dem 8. April 2014 die alte Röhre saniert. Die Arbeiten sollen im Mai 2017 abgeschlossen sein – mit Baukosten von insgesamt über 200 Mio. Euro. ❑

NEUES für Ihre EISENBAHN-BIBLIOTHEK

NEU

Nordbaden

Namhafte Fotografen stellten für dieses Buch ihre Foto-Raritäten zur Verfügung. Korbinian Fleischer besuchten 2016 alle Orte erneut und dokumentierten die teils massiven Veränderungen. Begeben Sie sich auf eine faszinierende Zeitreise zum „Odenwaldexpress" Mosbach – Mudau, zu den Überlandstraßenbahnen rund um Heidelberg und Mannheim, ins Bauland, nach Karlsruhe und in den Kraichgau oder zur längst verschwundenen Kleinbahnromantik der Albtalbahn. Die rund 120 Bildpaare sind ein einzigartiges Dokument südwestdeutscher Verkehrsgeschichte.

Best.-Nr. 581603 | € 24,95

Erscheint im Frühjahr 2017

Ost-Sachsen

Dresden und das östliche Sachsen blicken auf eine lange und interessante Geschichte der Eisenbahn zurück. Auf vielen dieser bekannten und landschaftlich faszinierenden Strecken dominierte bis in die 1980er-Jahre die Dampftraktion. Entsprechend eindrucksvoll sind die Bildvergleiche, die wir in diesem Band der sehr erfolgreichen VGB-Buchreihe „Schienenwege durch die Zeit" präsentieren. André Marks, ein anerkannter Kenner der sächsischen Eisenbahngeschichte, hat mit großer Sorgfalt alte Aufnahmen von namhaften Fotografen ausgewählt und die heutige Situation nachgestellt.

Best.-Nr. 581702 | € 24,95

Erscheint im Frühjahr 2017

Weitere Ausgaben aus dieser Serie

Schienenwege Berlin
Best.-Nr. 581701
Erscheint im Frühjahr 2017

Schienenwege Südbaden
Best.-Nr. 581527

Schienenwege Württemberg
Best.-Nr. 581406

Schienenwege Thüringen
Best.-Nr. 5813002

Schienenwege Ruhrgebiet
Best.-Nr. 581205

Jeweils mit 144 Seiten im Format 22,3 x 29,7 cm, Hardcover, ca. 250 Farb- und historische Schwarzweißfotos, je € 24,95

VGB [VERLAGSGRUPPE BAHN]

Erhältlich im Fach- und Buchhandel oder direkt beim:
VGB-Bestellservice, Am Fohlenhof 9a, 82256 Fürstenfeldbruck
Tel. 08141/534810, Fax 08141/53481-100, bestellung@vgbahn.de

www.vgbahn.de

MOSELWEINBAHN

BIMMELBAHN MIT ZUKUNFT

Die Stichstrecke nach Traben-Trarbach ist nur gut 10 km lang und zweigt in Pünderich von der Hauptbahn Koblenz–Trier ab. Sie trotzte allen Stilllegungsbemühungen und ist heute Bestandteil des Rheinland-Pfalz-Taktes

Als bedeutender Ort der Mittelmosel hatte Traben-Trarbach den unmittelbaren Anschluss an die Moselstrecke verpasst. Im März 1880 konzessioniert, kam es im Nachgang am 21. März 1883 gewissermaßen als „Trostpflaster" zur Inbetriebnahme der 10,5 km langen, beim ehemaligen Bahnhof Pünderich von der Hauptbahn abzweigenden, über Reil und Kövenig nach Traben-Trarbach führenden Nebenbahn. Da der Bahnhof Pünderich aufgrund seiner Abseitslage im Personenverkehr keine nennenswerte Rolle spielte, ist für die Züge von und nach Traben-Trarbach der etwas weiter stromabwärts gelegene Bahnhof Bullay Ausgangs- bzw. Endpunkt der Moselweinbahn-Züge. Der 1973 aufgelassene Bahnhof Pünderich lag am jenseitigen Ufer und war für die Bewohner Pünderichs nur mittels einer Fähre erreichbar, verbunden mit einem recht beschwerlichen Fußmarsch. Die Bewohner der unmittelbar an dem Bähnchen gelegenen Ortschaften waren die eigentlichen Nutznießer. Und heute vor allem die Touristen.

Das Güteraufkommen der Bahnlinie beschränkte sich im Wesentlichen auf den vom Weinhandel geprägten Bahnhof Traben-Trarbach. Das bescheidene Verkehrsaufkommen wurde von den beim Bw Cochem stationierten Dampflokomotiven bewältigt. Im Laufe der Zeit gelangten so hauptsächlich die preußischen Baureihen 89^{70-75}, 91^{3}, 93^{0}, 93^{5}, 70^{1} und 74 zum Einsatz. In früher Zeit waren die Baureihen 89^{70-75} und 91^{3} im Einsatz, in den Dreißigern die Baureihe 93^{0} und nach dem Zweiten Weltkrieg bestritten bis zum Beginn des Sommerfahrplans im Mai 1953 Cochemer 74er den bescheidenen Personenverkehr. Anschließend besorgten übergangsweise die Baureihen 70^{1} und 93^{5} den Personen- und Güterverkehr.

Mit der Zuteilung von VT 95 (später Baureihe 795) an das Bw Trier hieß es 1954 Abschied nehmen vom Dampfbetrieb nach Traben-Trarbach. Das Bähnchen mit seinem flachen Streckenprofil war ein prädestiniertes Einsatzgebiet für den nur 150 PS starken Schienenbus, der das bescheidene Verkehrsaufkommen zumeist solo, also ohne Beiwagen, bestritt. Die einmotorigen Schienenbusse blieben bis 31. Mai 1980 im Einsatz. Es folgte der stärkere, zweimotorige Schienenbus der Baureihe 798 (Bw Trier). Erst mit dem ab 2. Juni 1991 gültigen Sommerfahrplan wur-

Ein einmotoriger VT 95 kurz vor dem Einfahrsignal von Pünderich (1971). *Foto: B. Wollny*

Der 628 436 pendelte am 10. April 1997 auf der „Moselweinbahn“ zwischen Traben-Trarbach und Bullay (bei Kövenig). *Foto: U. Kandler*

de es modern. Ab diesem Zeitpunkt kamen Limburger Triebwagen der Baureihe 628.2 zum Einsatz. Möglich machte deren Einsatz das Land Rheinland-Pfalz, das sich an den Betriebskosten der modernen Fahrzeuge beteiligte. Wäre es hingegen nach der Deutschen Bundesbahn gegangen, die Strecke wäre längst stillgelegt worden.

Dieses Schicksal ist der ehedem in Wengerohr von der Moselstrecke abgehenden Nebenbahn nach Bernkastel-Kues (Länge 15,03 km, zuletzt KBS 622) widerfahren, die am 2. Juni 1984 vom Personenverkehr befreit wurde und deren Gesamtstilllegung am 27. Mai 1989 erfolgte. Eröffnet wurde sie im selben Jahr wie die Moselweinbahn, und zwar am 1. Juni 1883. Knapp zwei Jahre später konnte am 12. April 1885 schließlich noch die gleichfalls in Wengerohr abgehende Stichstrecke nach Wittlich (Länge 4,23 km) eingeweiht werden, die man in den Jahren 1909/10 bis Daun verlängerte. Nachdem am 1. November 1981 der Personenverkehr zwischen Daun und Wittlich endete, wurde dieser am 25. September 1988 schließlich auch auf dem verbliebenen Torso Wengerohr – Wittlich aufgegeben.

Überleben konnte die Nebenbahn nach Traben-Trarbach nur, weil hier die Eisenbahn gegenüber der Straße ausnahmsweise mal deutlich im Vorteil ist. Misst der Schienenweg insgesamt 13,3 km, benötigt die Straße den doppelten Weg. Dem Straßenverkehr bleibt nur die dem Flusslauf über Zell folgende Bundesstraße. Die Bahn lässt die gut 14 km lange Moselschleife „Zeller Hamm“ links liegen und kürzt den Weg kurzerhand über die Doppelstockbrücke bei Bullay, durch den sich unmittelbar anschließenden Prinzenkopf-Tunnel und über den Pündericher Hangviadukt hinweg ab. Obendrein ist die Nebenbahn aufgrund ihrer Hochlage vor dem Moselhochwasser geschützt.

Der Schienenweg ist deutlich kürzer

Mitte der 1990er Jahre wurde die Bedienung der Strecke im Güterverkehr aufgegeben, zum Schluss wurden hauptsächlich Weinkesselwagen zugestellt. Im Zusammenhang mit der Umnummerierung der Kursbuchstrecke (KBS) 621 in die KBS 691 tauchte im ab 31. Mai 1992 gültigen Kursbuch in der Kopfleiste der Streckentabelle erstmals die Bezeichnung „Moselweinbahn“ auf, unter der sie heute bekannt ist.

Eine unrühmliche Episode stellte der Einsatz des Doppelstocktriebwagens 670 002 dar, der am 3. Juni 1996 an den Start ging und die bis dahin eingesetzten 628.4 ablösen sollte. Wegen technischer Unzulänglichkeiten fuhr der 670 002 nur sporadisch nach Traben-Trarbach und häufig musste ein 628.4 einspringen. Aber auch das unzureichende Platzangebot des Doppelstocktriebwagens machte beson-

Die 74 1302 dampft 1953 mit dem P 1278 nach Traben-Trarbach über die Moselbrücke in Bullay.
Foto: C. Bellingrodt/Slg. Schwarz

In Pünderich wurde 1981 nur bei Bedarf gehalten – Reisende sollten sich dem herannahenden Zug bemerkbar machen. *Foto: J. Seyferth*

Am 16. August 1990 genügte für den N 8440 nach Traben-Trarbach ein solo fahrender 798. Die Aufnahme zeigt den 798 705 in Reil. *Foto: U. Kandler*

Oben: Am 21. Juli 1983 schleppte ein 798 den „Gläsernen Zug" 491 001 (bei Reil). *Foto: G. Dollwet*
Unten: 23 034 mit einem Sonderzug in Traben-Trarbach (7. September 1968). *Foto: H. Schambach*

Bernkastel-Kues: Ein Sonderzug mit 050 651 und „Rheingold"-Wagen von 1928/29 steht zur Rückfahrt nach Wengerohr bereit (1972). *Foto: Friedhelm Ernst*

Oben: 290 328 mit Üg aus Traben-Trarbach vor Kövenig (19.11.1990). *Foto: J. Seyferth*
Unten: Doppelstocktriebwagen 670 005 bei Kövenig (7.10.1996). *Foto: M. Werning*

ders während der Weinlese immer wieder den Einsatz eines 628.4 erforderlich. Ein Getriebeschaden sorgte am 29. November 1996 für die letzte Fahrt des 670 002 auf der Moselweinbahn. Nun kam der 628.4 wieder planmäßig zum Einsatz, bevor am 9. Juni 2001 die Betriebsführung auf die trans regio Deutsche Regionalbahn GmbH überging. Im Auftrag des Zweckverbandes Schienenpersonennahverkehr Rheinland-Pfalz Nord setzte trans regio Regio-Shuttle-Triebwagen vom Typ RS1 ein. Im November 2004 wurde während einer Vollsperrung die grundlegende Sanierung der Moselweinbahn durchgeführt. Ab Dezember 2008 war DB Regio

Im Jahr 2004 grundlegend saniert

Südwest erneut mit einem 628.4 auf der Strecke unterwegs. Mit dem Fahrplanwechsel am 14. Dezember 2014 übernahm schließlich Rhenus Veniro die Betriebsführung mit modernisierten Regio-Shuttle-Triebwagen RS1.

Schon vor langer Zeit zurückgebaut wurde der Bahnhof Traben-Trarbach, von dem nicht mehr als ein Hochbahnsteig mit Unterstellmöglichkeit, eine bescheidene Haltestelle also, übriggeblieben ist. Städtebauliche Maßnahmen haben das ehedem recht weitläufige Bahnhofsareal weitgehend vereinnahmt. Das schmucke, aus dem Jahr 1904 stammende und ursprünglich in Kopflage befindliche Empfangsgebäude wurde vom eigentlichen Bahnbetrieb abgekoppelt und aufwendig „zu einem städtischen Funktionszentrum neuen Charakters" umgebaut. ❑

Baureihe 232
Best.-Nr. 701202
€ 15,–

BLS Lötschbergbahn
Best.-Nr. 701301
€ 15,–

Baureihe 103
Best.-Nr. 701302
€ 15,–

Rhätische Bahn RhB
Best.-Nr. 701401
€ 15,–

DB in den 80ern
Best.-Nr. 701402
€ 15,–

DR in den 80ern
Best.-Nr. 701501
€ 15,–

Baureihen 44 und 85
Best.-Nr. 701502
€ 15,–

Gotthardbahn
Best.-Nr. 701601
€ 15,–

Jede Ausgabe mit 116 Seiten im DIN-A4-Format, Klebebindung, ca. 150 Abbildungen, inkl. Video-DVD

www.vgbahn.de

Revolutionäre Technik

Als die ersten E 44 im Jahre 1931 in Dienst gestellt wurden, begann ein neues Zeitalter der elektrischen Zugförderung. Dieser Lokomotivtyp wurde erstmals von Tatzlager-Motoren in laufachslosen Drehgestellen angetrieben – ein ungeheurer Fortschritt gegenüber schweren Einrahmen-Konstruktionen. Die 186 beschafften Serien-E 44 waren 90 km/h schnell und mit 2200 kW Stundenleistung vielseitig einsetzbar. Bei der DB waren sie bis 1984 in Dienst, bei der Reichsbahn sogar bis 1991. Die neue Extra-Ausgabe stellt auch die Baureihe E 44.5 und die für die Höllentalbahn beschafften E 244 vor. Mit zahlreichen bislang unveröffentlichten Aufnahmen, instruktiven Lokzeichnungen – und einer Film-DVD (Laufzeit 46 Minuten) aus der Kultreihe „Stars der Schiene".

116 Seiten im DIN-A4-Format, Klebebindung, mit über 150 Farb- und historischen Schwarzweiß-Fotos, inkl. RioGrande-Profi-DVD „Die Baureihe E 44 – Erste erfolgreiche Einheits-Ellok" (Laufzeit 46 Minuten)
Best.-Nr. 701602 | € 15,–

CHRONIK

1872 | 20. FEBRUAR

Ein Team von fünf Vermessungsbeamten nimmt in Cochem seine Arbeit auf und beginnt mit dem Abstecken der Strecke.

1872 | 21. April

Eröffnung einer 2,4 km langen Güterbahn Ehrang – Quint zur Versorgung der Quinter Hütte mit Kohle, Koks und Erz durch die Rheinische Eisenbahn.

1879 | 5. Mai

Zehn Tage vor Eröffnung der Moselstrecke erhalten die Ortsbehörden die Aufforderung, zusammen mit Vertretern der Eisenbahnverwaltung die gesamte Strecke zwecks Mängelregulierung abzufahren.

Trier: Bahnhof der privaten Moseltalbahn Trier – Bullay. *Foto: Slg. Walter*

1905 | 19. August

Die (ab 1903) in fünf Etappen realisierte private Moseltalbahn Trier – Bullay nimmt mit Fertigstellung des letzten Teilstücks den Gesamtbetrieb auf.

1920 | 1. April

Mit Abtrennung des Saargebietes vom Deutschen Reich tritt anstelle der Rbd Saarbrücken mit den verbliebenen Gebieten in Eifel und Hunsrück sowie im Mosel- und Naheraum der als „Stammeisenbahndirektion Saarbrücken in Trier" geführte Bezirk; ab 30. Dezember 1920 hieß es dann Eisenbahndirektion (ED) Trier, bevor am 6. Juli 1922 offiziell die Bezeichnung Reichsbahndirektion (Rbd) Trier in Kraft tritt.

1935 | 1. März

Rückgliederung der Eisenbahnen des Saargebietes in die Deutsche Reichsbahn. Die Rbd Trier geht in der neugegründeten Rbd Saarbrücken auf.

1941 | 29. Mai

Beginnend mit der 44 554 wird beim Bw Ehrang innerhalb von gut fünf Monaten ein Bestand von 29 fabrikneuen Maschinen der Baureihe 44 aufgebaut. Wie keine andere Loktype prägt die 44er bis Anfang der 1970er Jahre den schweren Güterzugdienst auf der Moselstrecke.

1947 | 1. April

Erneute Abtrennung des Saarlandes von Deutschland, das Saarland stand fortan unter französischer Verwaltung. Es wurde erneut ein Trierer Direktionsbezirks gebildet, die ED Trier bzw. BD Trier.

1947 | 24. April

Mit dem Wiederaufbau der im Zweiten Weltkrieg stark zerstörten Doppelstockbrücke bei Bullay war die Moselstrecke wieder durchgängig befahrbar; zunächst aber nur bis Trier West. Der Trierer Hauptbahnhof konnte erst mit der am 1. August 1947 beendeten behelfsmäßigen Instandsetzung der Pfalzeler Moselbrücke wieder angefahren werden.

1960 | 1. Januar

Unter Auflösung der BD Trier kommt es zur Vereinigung der Direktionsbezirke Trier und Saarbrücken zur BD Saarbrücken.

1965 | 30. Mai

Aufgabe der Dampflokunterhaltung beim Bw Cochem.

Ab 24. April 1947 war die Brücke bei Bullay wieder befahrbar. *Foto: Slg. Dollwet*

1968 | 29. September

Mit der Abgabe der letzten 01er an das benachbarte Bw Ehrang endet beim Bw Trier die Dampflokunterhaltung.

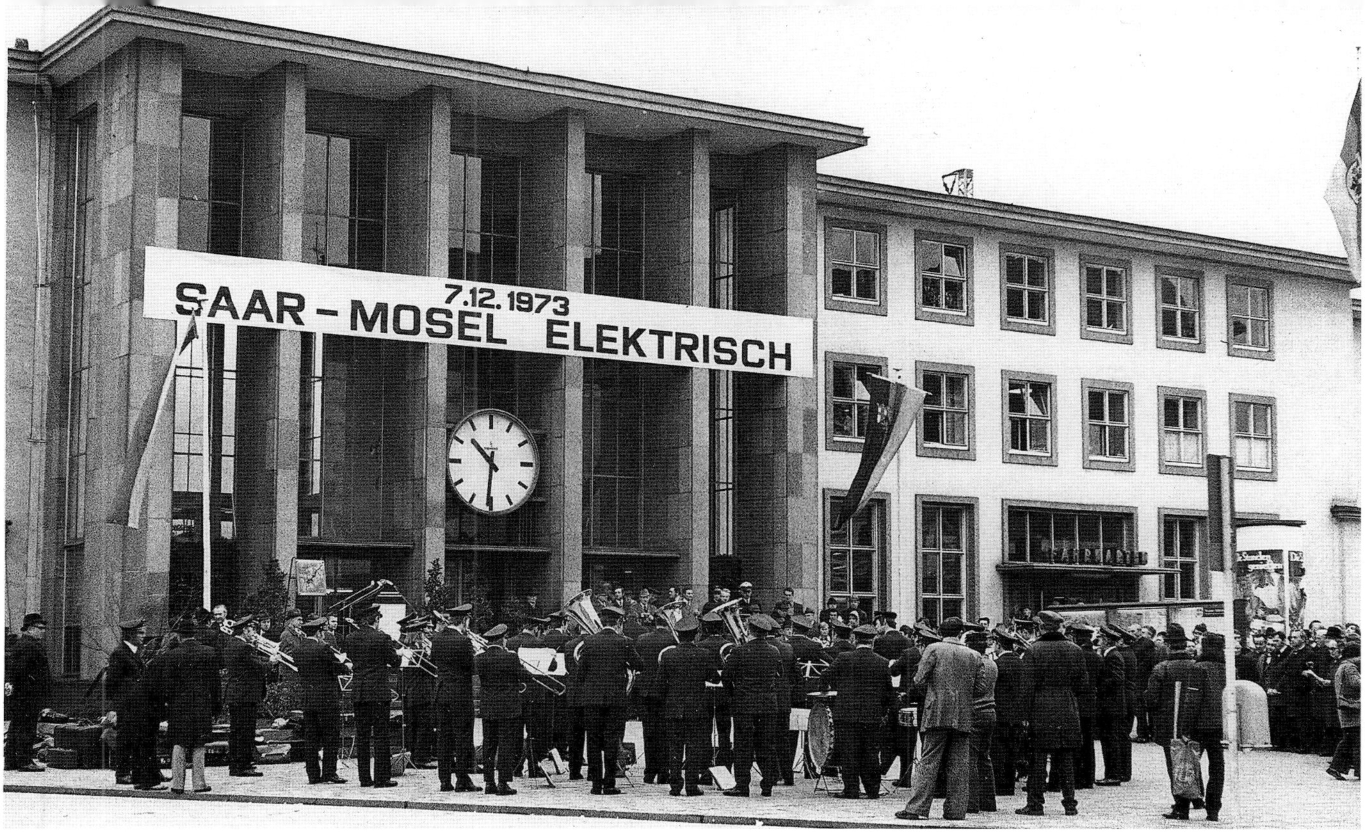

Die Blaskapelle „Flügelrad" sorgte am 7. Dezember 1973 am Hauptbahnhof in Trier für die musikalische Umrahmung der Feierlichkeiten. *Foto: Slg. Dollwet*

1969 | 18. November

Inbetriebnahme einer Container-Umschlaganlage in Ehrang.

1970

Nach den Boom-Jahren des Wirtschaftswunders durchlebt die Bundesrepublik Deutschland 1967/68 ihre erste Wirtschaftskrise. Die anschließend wieder erstarkende Wirtschaft spiegelt sich auch im Güterverkehrsaufkommen der Moselstrecke wider, die mit 26 725 Güterzügen ihr bis heute unangefochtenes Glanzjahr erlebt. (Zum Vergleich: 1967 waren es 17 069 Güterzüge.)

1970 | 22. April

Im Bahnhof Cochem werden mit Setzen des ersten Oberleitungsmastes offiziell die Arbeiten zur Elektrifizierung der Moselstrecke aufgenommen.

1973 | 14. Oktober

Im Bahnhof Ehrang geht ein modernes Spurplanstellwerk in Betrieb.

1973 | 7. Dezember

Feierliche Eröffnung des elektrischen Betriebs auf der Moselstrecke. Den aus sieben Intercity-Wagen gebildeten Sonderzug mit 160 geladenen Gästen bespannt 103 121. Nachdem die Fahrleitung Kobern-Gondorf – Trier Hbf – Saarhölzbach bereits seit 5. November 1973 unter Spannung steht, werden aufgrund der Ölkrise tags darauf fast alle Güterzüge schon mit Elloks der Baureihe 140 gefahren. Die Fahrleitung auf dem Teilstück Koblenz-Mosel – BD-Grenze Kobern-Gondorf hatte man schon am 20. August 1973 unter Spannung gesetzt, um mit den dem Bw Koblenz-Mosel neu zugewiesenen Elektrotriebwagen der Baureihe 426 unverzüglich den Personennahverkehr nach Winningen bestreiten zu können.

1974 | 1. September

Abnahme der ersten von insgesamt 25 Mehrfrequenzloks der Baureihe 181.2, die bis 22. Mai 1975 allesamt an das Bw Saarbrücken ausgeliefert werden. Nahezu vier Jahrzehnte bestimmen die Maschinen der Baureihe 181.2 den hochwertigen Reisezugverkehr auf der Moselstrecke.

1975 | 12. Januar

Aufnahme des elektrischen Zugbetriebs zwischen Ehrang und Apach; tags darauf wird das Bw Ehrang dampffrei.

1978 | 31. Oktober

Mit dem Ziel Völklinger Hütte verkehrt erstmals von Duisburg-Ruhrort Hafen aus ein 5000-t-Erzganzzug über die Moselstrecke.

2010 | 13. März

Die Deutsche Bahn eröffnet in Cochem das Info-Center „Kaiser-Wilhelm-Tunnel", das allen Interessierten dienstags bis samstags von 13 bis 19 Uhr offensteht.

2014 | 7. April

Inbetriebnahme des Neuen Kaiser-Wilhelm-Tunnels und Aufnahme der Sanierungsarbeiten am Kaiser-Wilhelm-Tunnel von 1877. Das alte gemauerte Tunnelgewölbe wird nicht saniert, sondern es wird eine komplett neue Betonröhre eingezogen.

2016 | 23. Juli

Am „Tag des offenen Tunnels" wird der alte Kaiser-Wilhelm-Tunnel für die Öffentlichkeit auf der gesamten Länge zur Besichtigung freigegeben.

Unsere Fachhändler im In- und Ausland, geordnet nach Postleitzahlen

Modellbahn-Center • EUROTRAIN Idee+Spiel-Fachgeschäft • Spielzeugring-Fachgeschäft
FH = Fachhändler • RW = Reparaturdienst und Werkstätten • H = Hersteller • A = Antiquariat • B = Buchhändler • SA = Schauanlagen

01187 Dresden
SCHILDHAUER-MODELLBAHN
Würzburger Str. 81
Tel.: 0351 / 27979215 • Fax: 0351 / 27979213
www.modellbahn-schildhauer.de
modellbahn-schildhauer@online.de
FH

01445 Radebeul
MODELLEISENBAHNEN Grundkötter GmbH
Hauptstr. 22
Tel.: 0351 / 8308180 • Fax: 0351 / 8365950
www.modellbahn-radebeul.de • gruni64@aol.com
FH/RW

04159 Leipzig
bahnundbuch.de
Versandhandel für Fachliteratur, Videos, DVDs, CDs
Raustr. 12
Tel.: 0341 / 2682492 • www.bahnundbuch.de
B

10318 Berlin
MODELLBAHNBOX KARLSHORST
Treskow-Allee 104
Tel.: 030 / 5083041
www.modellbahnbox.de
FH/RW/A EUROTRAIN

10589 Berlin
MODELLB. am Mierendorffplatz GmbH
Mierendorffplatz 16
Direkt an der U7 / Märklin-Shop-Berlin
Tel.: 030 / 3449367 • Fax: 030 / 3456509
www.Modellbahnen-Berlin.de
FH EUROTRAIN

10789 Berlin
MODELLBAHNEN TURBERG
Lietzenburger Str. 51
Tel.: 030 / 2199900
Fax: 030 / 21999099
www.turberg.de
FH/RW/A/B EUROTRAIN

12105 Berlin
MODELLBAHN PIETSCH GMBH
Prühßstr. 34
Tel./Fax: 030 / 7067777
www.modellbahn-pietsch.com
EUROTRAIN

14057 Berlin
BREYER MODELLEISENBAHNEN
Kaiserdamm 99
Tel./Fax: 030 / 3016784
www.breyer-modellbahnen.de
FH/RW/A

22083 Hamburg
MEISES ModellbahnCenter MMC GmbH & Co. KG
Beethovenstr. 64
Tel.: 040/60563593 • Fax: 040/18042390
www.meises-mobacenter.de
FH/RW EUROTRAIN

22767 Hamburg
MODELLBAHN ALTONA Dipl. Ing. Uwe Draabe
Ehrenbergstr. 72
Tel.: 040 / 3800819 • Fax: 040 / 3892491
www.1000Loks.de
FH/RW/A EUROTRAIN

25355 Barmstedt
MODELLBAHNEN HARTMANN
Reichenstr. 24
Tel.: 04123 / 6706
Fax: 04123 / 959473
Modellbahnen-Hartmann@t-online.de
FH/RW/B EUROTRAIN

28865 Lilienthal b. Bremen
HAAR MODELLBAHN-SPEZIALIST
Hauptstr. 96
Tel.: 04298 / 916521 • Fax: 04298 / 916527
haar.lilienthal@vedes.de
FH/RW

30159 Hannover
TRAIN & PLAY
Modelleisenbahnen • Modellautos
Breite Str. 7 • Georgswall 12
Tel.: 0511 / 2712701
Fax: 0511 / 9794430
FH/RW/A

33102 Paderborn
EMS EXCLUSIV MODELL-SESTER
Friedrichstr. 7 • Am Westerntor
Tel.: 05251 / 184752 • Fax: 05251 / 184753
www.modellbahn-sester.de
info@modellbau-sester.de
FH/RW/A/B

34379 Calden
RAABE'S SPIELZEUGKISTE Ankauf – Verkauf von Modelleisenbahnen, Autos
Wilhelmsthaler Str. 11
Tel.: 05674/8234317 • wraabe@gmx.net
FH/RW/A/SA

40217 Düsseldorf
MENZELS LOKSCHUPPEN TÖFF-TÖFF GMBH
Friedrichstr. 6 • LVA-Passage
Tel.: 0211 / 373328
www.menzels-lokschuppen.de
FH/RW EUROTRAIN

42289 Wuppertal
MODELLBAHN APITZ GMBH
Heckinghauser Str. 218
Tel.: 0202 / 626457 • Fax: 0202 / 629263
www.modellbahn-apitz.de
FH

44141 Dortmund
DER LOKSCHUPPEN DORTMUND GMBH
Märkische Str. 227
Tel.: 0231 / 412920 • Fax: 0231 / 421916
www.Lokschuppen.com
FH EUROTRAIN

44339 Dortmund
MODELL TOM
• NEU • GEBRAUCHT • SERVICE •
Evinger Str. 484
Tel.: 0231 / 8820579 • Fax: 0231 / 8822536
www.modelltom.com
FH/RW

45479 Mülheim
MODELLBAHNLÄDCHEN EULER K. EULER
Grabenstr. 2
Tel.: 0208 / 423573 • Fax: 0208 / 30599996
modellbahneuler@aol.com
FH

49078 Osnabrück
J.B. MODELLBAHN-SERVICE
Lotter Str. 37
Tel.: 0541 / 433135
Fax: 0541 / 47464
www.jbmodellbahnservice.de
FH/RW EUROTRAIN

52062 Aachen
M. HÜNERBEIN OHG
Markt 11–15
Tel.: 0241 / 33921
Fax: 0241 / 28013
EUROTRAIN

53111 Bonn
MODELLBAHNLAND BONN
Kölnstr. 32-34
Tel.: 0228 / 342410
Fax: 0228 / 348918
www.modellbahnland.de
FH/RW/H/A/SA

53111 Bonn
MODELLBAHNSTATION BONN
Römerstr. 23
Tel.: 0228 / 637420
FH EUROTRAIN

58135 Hagen-Haspe
LOKSCHUPPEN HAGEN HASPE
Vogelsanger Str. 36-40
Tel.: 02331 / 404453 Fax: 02331 / 404451
www.lokschuppenhagenhaspe.de
office@lokschuppenhagenhaspe.de
FH/RW

63110 Rodgau
MODELL + TECHNIK Ute Goetzke
Untere Marktstr. 15
Tel.: 06106 / 74291 • Fax: 06106 / 779137
info@mut-goetzke.de
FH

63654 Büdingen
MODELL & TECHNIK RAINER MÄSER
Berliner Str. 4
Tel.: 06042 / 3930
Fax: 06042 / 1628
FH EUROTRAIN

67071 Ludwigshafen-Oggersh.
SPIELWAREN WERST
Schillerstraße 3
Tel.: 0621 / 682474
Fax: 0621 / 684615
www.werst.de • werst@werst.de
FH/RW

67146 Deidesheim
moba-tech der modelleisenbahnladen
Bahnhofstr. 3
Tel.: 06326 / 7013171 • Fax: 06326 / 7013169
www.moba-tech.de • info@moba-tech.de
FH/RW

67655 Kaiserslautern
DiBa-MODELLBAHNEN
Königstr. 20-22
Tel./Fax: 0631 / 61880
geschaeft@diba-modellbahnen.de
FH/RW EUROTRAIN

69214 Eppelheim/Heidelberg
MODELLBAHN SCHUHMANN
Schützen-/Ecke Richard-Wagner-Str.
Tel.: 06221 / 76 38 86
Fax: 06221 / 768700
www.Modellbahn-Schuhmann.de
FH/RW EUROTRAIN

70180 Stuttgart
SUCH & FIND An- + Verkauf von Modellbahnen
Mozartstr. 38
Tel. + Fax: 0711 / 6071011
www.suchundfind-stuttgart.de
A

71334 Waiblingen
EISENBAHNTREFFPUNKT Schweickhardt GmbH & Co. KG
Biegelwiesenstr. 31
Tel.: 07151/937931 • Fax: 07151/34076
ets@modelleisenbahn.com
FH/RW/A/B EUROTRAIN

71638 Ludwigsburg
ZINTHÄFNER Spiel – Freizeit
Solitudestr. 40
Tel.: 07141 / 925611
FH

71720 Oberstenfeld
SYSTEM COM 99 Modellbahn-Zentrum-Bottwartal
Schulstr. 46
Tel.: 07062 / 9788811
www.Modellbahn-Zentrum-Bottwartal.de
FH/RW EUROTRAIN

72657 Altenriet bei Stuttgart
MODELLBAHNÖL SR-24 HANS WEISS
Im Breiten Baum 2
Tel.: 07127 / 35020 • Fax: 07127 / 21616
E-Mail: hans.weiss@geromail.de
H

QUELLENVERZEICHNIS

Edelmann, Wolfgang/Seyferth, Joachim: Dampfzüge der Moselstrecke (o.J.)

Kandler, Udo: Eisenbahnen im Moseltal. Sonderausgabe II/91 des Eisenbahn-Journals. Fürstenfeldbruck 1991

Kandler, Udo: Eisenbahnen im Moseltal II. Specialausgabe 8/91 des Eisenbahn-Journals. Fürstenfeldbruck 1991

Kandler, Udo: Gegen die „eitle französische Nation". Die Moselstrecke, in: Lok Magazin, Ausgabe Oktober 2006

Kandler, Udo: Kurz und bündig. Die Moselweinbahn, in: Lok Magazin, Ausgabe Januar 2007

Kandler, Udo: Des Kaisers Tunnel, in: Eisenbahn-Journal, Ausgabe 2/2007

Kandler, Udo: Eine zweite Röhre, in: Lok Magazin, Ausgabe Juli 2008

Kandler, Udo: Montanverkehr an der Mosel, in: Eisenbahn-Kurier, Ausgabe 3/2009

Kaya, Uemit: Umwelteinflüsse beim Bau des Neuen und Erneuerung des Alten Kaiser-Wilhelm-Tunnels, in: Eisenbahntechnische Rundschau, Ausgabe Dezember 2008

Klee, Wolfgang: Die Kanonenbahn Berlin – Metz. Stuttgart 1998

Kreckler, Martin/Kreckler, Wolfgang: Eisenbahn in Ehrang. Nahtstelle von Saar-, Eifel- und Moselbahn. Freiburg 2008

Lengeling, Der Kaiser-Wilhelm-Tunnel bei Cochem a.d. Mosel, in: Zeitschrift für Bauwesen. Berlin 1886

Lorenz, Jürgen: Des Kaisers neuer Tunnel. Umbau des Kaiser-Wilhelm-Tunnels auf zwei Röhren, in: Eisenbahn-Kurier, Ausgabe 2/2013

Strasser, F.: Maschinelle Gleis- und Bettungserneuerung im Cochemer Tunnel, in: Die Reichsbahn, Heft 36 vom 7. September 1932

Jürgen Nelkenbrecher

LOKBAHNHÖFE

Zur Dampflokzeit unverzichtbar | zahlreiche Gleispläne

EJ-Special 1/2017 erscheint im März 2017

Konrad Koschinski

DB & DR 1990–1993

Zwei Staatsbahnen wachsen zusammen | ICE-Ära beginnt
Lückenschlüsse | InterCity und InterRegio auf DR-Strecken

EJ-Extra 1/2017 erscheint im Mai 2017

Eisenbahn JOURNAL

Gegründet von H. Merker
Erscheint in der Verlagsgruppe Bahn GmbH

Am Fohlenhof 9a, 82256 Fürstenfeldbruck
Tel. 0 81 41/5 34 81-0 • Fax 0 81 41/5 34 81-200
E-Mail: redaktion@eisenbahn-journal.de
Internet: www.eisenbahn-journal.de

Chefredakteur Gerhard Zimmermann

Redaktion Andreas Ritz, Dr. Christoph Kutter, Tobias Pütz

Sonder-Ausgabe 1/2017:
Moselstrecke

Autor Udo Kandler

Redaktion Andreas Ritz

Gestaltung Sabine Novotny

Verlagsgruppe Bahn GmbH VGB

Am Fohlenhof 9a, 82256 Fürstenfeldbruck
Tel. 0 81 41/5 34 81-0 • Fax 0 81 41/5 34 81-100

Geschäftsführung Manfred Braun, Ernst Rebelein, Horst Wehner

Verlagsleitung Thomas Hilge

Anzeigenleitung Bettina Wilgermein (Durchwahl -153)

Anzeigensatz und Anzeigenlayout Evelyn Freimann (Durchwahl -152)

Vertriebsleitung Elisabeth Menhofer (Durchwahl -101)

Vertrieb und Auftragsannahme Sandra Corvin (Durchwahl -107), Ingrid Haider (-108), Angelika Höfer (-104), Petra Schwarzendorfer (-105)
E-Mail: bestellung@vgbahn.de

Sekretariat Katrin Bratzler

Außendienst, Messen Christoph Kirchner, Ulrich Paul

Marketing Thomas Schaller (Durchwahl -141), Karlheinz Werner (-142)

Vertrieb Pressegrosso und Bahnhofsbuchhandel MZV GmbH & Co. KG, Ohmstraße 1, 85716 Unterschleißheim, Postfach 12 32, 85702 Unterschleißheim, Tel. 089/3 19 06-0, Fax 089/3 19 06-113

Abo-Service FUNKE direkt GmbH, Postfach 104139, 40032 Düsseldorf, Tel. 0211/69 07 89-985, Fax 0211/69 07 89-70

Bildbearbeitung Fabian Ziegler

Druck creo Druck & Medienservice GmbH, 96050 Bamberg

Sonder 1/2017
ISBN 978-3-89610-682-7